石英及硅酸盐矿物
对金浸出的影响

代淑娟　韩佳宏　李鹏程　刘淑杰　马芳源　著

查看彩图

北　京

冶金工业出版社

2024

内 容 提 要

本书共 6 章，在介绍金矿石资源及其加工利用现状的基础上，分别介绍了石英和氯化金之间的相互作用、石英对金吸附的影响因素及其动力学模型；详述了石英和高岭石对溶液中 $An(S_2O_3)_2^{\frac{3-}{2}}$ 的吸附行为，分析了吸附过程中的物理化学变化，介绍了石英及硅酸盐矿物对氰化浸金的影响及助浸方法。

本书可供选矿领域的科研、生产及相关工作人员阅读，也可作为高等院校矿物加工工程等专业师生的参考书。

图书在版编目（CIP）数据

石英及硅酸盐矿物对金浸出的影响／代淑娟等著.
北京：冶金工业出版社，2024. 12. -- ISBN 978-7-5240-
0032-7

Ⅰ. TF831. 032

中国国家版本馆 CIP 数据核字第 20248QR840 号

石英及硅酸盐矿物对金浸出的影响

出版发行	冶金工业出版社	电　话	(010)64027926
地　址	北京市东城区嵩祝院北巷 39 号	邮　编	100009
网　址	www. mip1953. com	电子信箱	service@ mip1953. com

责任编辑　王梦梦　美术编辑　吕欣童　版式设计　郑小利
责任校对　梁江凤　责任印制　窦　唯
北京印刷集团有限责任公司印刷
2024 年 12 月第 1 版，2024 年 12 月第 1 次印刷
710mm×1000mm　1/16；12.5 印张；240 千字；189 页
定价 79.00 元

投稿电话　(010)64027932　投稿信箱　tougao@cnmip. com. cn
营销中心电话　(010)64044283
冶金工业出版社天猫旗舰店　yjgycbs. tmall. com
(本书如有印装质量问题，本社营销中心负责退换)

前　　言

我国金矿资源丰富，黄金产量逐年增加。截至 2023 年，中国黄金产量连续 16 年位居世界第一。随着金矿资源的不断开采，金独立矿床、易处理矿石日益减少和枯竭，复杂矿石、难处理矿石及伴生金矿石已成为黄金生产的主要来源。难处理金矿石需进行预处理才能合理地利用，而超细磨技术和焙烧技术是目前常用的预处理技术。金矿石中普遍含石英及硅酸盐矿物，在火法预处理的热化学活化、湿法选冶过程中的细磨等机械化学活化作用下，金可能与石英及硅酸盐矿物相互作用，形成特殊的 Au-Si 结构，使金不易溶于浸出剂而影响金的浸出效果；浸出到液相中的金也可能吸附于活化的石英及硅酸盐类矿物表面产生劫金作用而影响金的回收效果。金与石英或硅酸盐矿物的作用对金浸出的影响及助浸研究有重要意义。

本书内容基于国家自然科学基金资助项目"金与硅相互作用机理及金回收研究（51574146）"。本书致力于深入探讨石英及硅酸盐矿物对金浸出的影响。通过系统的试验研究和理论分析，揭示了石英或硅酸盐矿物与金之间的相互作用机理，以及如何影响金的浸出过程。本书内容不仅有基础理论知识，还有对实际应用技术的全面分析。首先，介绍了金矿石的基本性质和加工利用的常见方法，包括磨矿、搅拌和高温作用等。然后，重点介绍了石英和氯化金之间的相互作用，通过磨矿、搅拌和洗脱等试验手段，揭示了石英对金吸附的影响因素及其动力学模型。此外，还叙述了石英和高岭石对溶液中 $Au(S_2O_3)_2^{3-}$ 的吸附行为，并通过红外光谱、扫描电子显微镜分析和 Materials Studio 计算模拟等手段，深入分析了吸附过程中的物理化学变化。另外，本书还关注了金矿石中其他硫化矿物对金浸出的影响。通过含金焙渣的氰化浸出试验和不含金焙渣对氰化金的吸附试验，揭示了硫化矿物与石英之间的相互作用及其对金浸出过程的影响机制。此外，通过电化学试验和表面分析手段，分析了石英及硅酸盐矿物对金氰化溶解速率的影响及其作用机理。

本书内容新颖、实用性强，不仅可供选矿领域的科研、生产及相关工作人员阅读，也可作为高等院校矿物加工工程等专业师生的参考书。

本书的出版得到了辽宁科技大学学术著作出版基金的资助，在此表示衷心的感谢。本书由代淑娟、韩佳宏、李鹏程、刘淑杰、马芳源撰写，全书由代淑娟进行统稿。韩佳宏、李鹏程完成了书中的绘图并协助校对工作，冯定五、张作金、刘子源、陈瑜、孙文瀚等参与了本书内容相关的部分试验或检测分析工作。在本书撰写过程中，作者参阅了多位专家学者和相关研究人员的论文和著作，在此对参与工作的相关人员、参考文献的作者一并表示感谢。

由于作者水平所限，书中不妥之处，敬请广大读者批评指正。

作　者

2024 年 5 月

目　　录

1 绪 论

1.1 金矿资源及其加工利用现状

我国金矿资源丰富。黄金产量逐年增加，已从 1949 年的 4.07 t 增加到 2023 年的 375.16 t。到 2023 年，中国黄金产量已连续 16 年位居世界第一[1]。随着金矿资源的不断开采，金独立矿床、易处理矿石资源日益减少和枯竭，复杂矿石、难处理矿石及伴生金矿石已成为黄金生产的主要资源。我国已探明的难处理含金矿石达数百万吨。难处理金矿系指用常规氰化提金方法金浸出率不高的金矿石，此类矿石浸出前需进行预处理才能提高金的浸出率。

根据原矿性质不同，可采用原矿预处理—氰化浸出工艺、原矿先经重选或浮选富集—氧化预处理—氰化浸出工艺回收金。对于可以用重选或浮选预先富集的金矿石，经富集后再氧化预处理，可显著降低预处理及氰化成本。重选法一般适宜处理粒金；而细粒和微细粒金，尤其是与可浮性较好的硫化矿伴生关系密切的金矿石，采用浮选法富集较为适宜[2-3]。

1.1.1 预处理技术研究现状

预处理技术包括焙烧氧化、超细磨、生物氧化及热压氧化等。

1.1.1.1 焙烧氧化法

可对原矿或精矿进行焙烧氧化预处理。传统的氧化焙烧技术包括一段、两段焙烧。适用于一段焙烧的金矿石一般含砷较低，焙烧的主要目的是除去硫和碳，温度一般为 650~750 ℃。当砷含量较高，砷与硫的升华温度差值较大时，适合采用两段焙烧：第一段在弱氧或中性气氛下除去砷，温度为 450~550 ℃；第二段在强氧气氛下氧化硫和碳，温度为 650~750 ℃[4-5]。在焙烧过程中，由于砷、硫和碳等的升华，减少了劫金概率，且焙砂疏松多孔，有利于下阶段浸出剂与金的接触，节约了浸出剂用量。富氧焙烧技术是将焙烧气氛中的空气换成氧气，充分氧化焙烧，缩短焙烧时间，生成的二氧化硫浓度较高，可以用来制取硫酸。固化焙烧技术是将生石灰或熟石灰与试样混合进行焙烧，起到固砷固硫的作用，将砷和硫生成的盐固化在矿石中，该法生产成本低，保护环境，容易工业化。唐道文等人[6]对贵州卡林型金矿采用焙烧预处理技术，在焙烧温度为 700 ℃，焙烧时间为 1.5~2 h 的条件下，硫转化率为 91.02%，金浸出率近 90%，得到了金的浸出率与硫转化率呈线性正相关的结论。韩跃新等人[7]研究了含碳微细粒金矿的氧化焙烧机理，发现焙烧时间决定了反应、物象变化的程度，当焙烧温度为 650 ℃，焙烧时间为 2 h 时，焙砂中石英粒径达到最大值，金的浸出率达 91.28%。

南非的 JMS 金矿和美国的 Jerritt Canyon 金矿都采用传统的氧化焙烧预处理技术选金。美国的 Gold Quarry 矿属于卡林型金矿，也采用富氧焙烧预处理技术，半工业试验中金的回收率为 90%。我国湖南黄金洞金矿和印度尼西亚米纳哈萨金矿都采用固化焙砂预处理技术选金，金的回收率为 89%。焙烧预处理技术对焙烧温度、焙烧时间要求严格，要避免出现过烧或欠烧现象。

1.1.1.2　超细磨法

超细磨预处理技术是将含金矿石磨至 1~10 μm，以使微细粒、显微及次显微金单体解离或裸露出来，该法适合处理硅酸盐包裹型难浸金矿[8-9]。超细磨技术可机械活化矿物表面，增大浸出剂与金的接触面积，降低后续提金作业的难度，提高难处理金矿的回收率。蓝碧波[10]用超细磨技术处理难浸金精矿，金的粒度为 0.1~1 μm，采用 PE075 型超细磨磨矿机，磨矿时间为 45 min，磨矿介质为氧化锆珠（粒径为 1.6 mm），金的浸出率达 93.70%。李晓伟等人[11]采用超细磨预处理技术处理浮选含铜金精矿，铜浸出率随着磨矿细度的增加而升高，当磨矿细度为 -10 μm 占 98.11% 时，铜浸出率达 95.71%。

超细磨技术工艺简单，效益高。山西五台县东腰庄金矿及甘肃安西老金场等均采用超细磨工艺，金的回收率显著提高。澳大利亚卡尔古丽联合金矿及吉尔吉斯斯坦库姆托尔金矿将浮选金精矿给入 Isa 磨机，经超细磨处理后金的回收率达 90%。超细磨技术用于选金存在能耗高和磨机处理量低等问题。

1.1.1.3　生物氧化法

生物氧化预处理技术是在 pH 值大约为 1.5 的环境下，通过细菌的直接、间接或联合作用将矿石中的硫和砷氧化成硫酸盐、碱式硫酸盐或砷酸盐，从而使包裹金裸露出来，该法可用于处理原矿或精矿。细菌主要有氧化亚铁硫杆菌、耐热氧化硫杆菌、氧化硫杆菌及氧化铁小螺旋菌 4 种[12-14]。生物氧化预处理工艺包括搅拌浸和堆浸。搅拌浸用于处理精矿或高品位矿石，堆浸常用于处理低品位矿石。丘晓斌等人[15]从浸矿菌种、浸矿过程及浸出影响因素等 3 方面详细介绍了微生物氧化预处理技术对卡林型金矿石中的劫金碳物质的钝化作用或降解作用。任洪胜等人[16]用细菌氧化法处理辽宁三道沟含砷金精矿，金精矿中主要金属矿物为黄铁矿、毒砂，脉石矿物以石英为主，在细菌氧化时间为 13 d，矿浆温度为42 ℃，矿浆 pH 值为 1.2~1.5 等的条件下，金的浸出率达 95%。AMANKWAH 等人[17]采用西唐氏链霉菌与嗜中温混合菌两段微生物预处理技术处理含碳难处理金矿，所得指标良好。

生物氧化预处理技术于 20 世纪 80 年代开始用于选金，我国采用此技术的企业有 10 家左右，金的回收率达 95%，处理金精矿约 100 t/d。澳大利亚 Wilun 矿山采用此技术节省了投资及生产成本，金回收率提高了 13 个百分点。生物氧化预处理技术设备投资低，操作简单，但氧化周期长，对于培养驯化有针对性的菌种或菌群有一定困难，有时体系中 As^{3+} 含量过多，细菌会分泌大量胞外多糖，会导致泡沫急剧增多。

1.1.1.4　热压氧化法

热压氧化预处理技术是在高温高压、通氧的条件下，对含石英和硅酸盐类矿物的金矿石进行酸性热压氧化或对含碳酸盐类矿物的金矿石进行碱性热压氧化。热压氧化技术可分解难处理金矿中的砷、硫等化合物，可处理原矿或精矿[18-20]。金创石等人[21]对难处理金精矿在温度为 180 ℃，氧分压为 0.8 MPa 等的条件下进行热压氧化预处理，金精矿的脱硫率达 93.85%。李奇伟等人[22]对含硫金精矿在温度为 190 ℃，氧分压为 2.0 MPa 等的条件下进行热压氧化预处理—氰化浸出，金的氰化浸出率为 97.55%。

目前国内外有 20 余家企业采用热压氧化预处理工艺，大多采用酸性介质。碱性体系虽然需要的温度较低，但金的浸出率也较低。1985 年，美国 Homestake 公司首次采用酸法热压氧化技术处理金精矿，生产能力为 3000 t/d。2016 年，贵州某地区采用热压氧化技术处理原矿和精矿，生产能力为 450 t/d，金的回收率达到了 95%。

1.1.2　浸金技术研究现状

1.1.2.1　氰化浸出工艺研究现状

氰化法浸出金矿是最受欢迎和应用效果最好的提金方法之一[23-28]。氰化物有剧毒，在氰化浸出金矿过程中形成的含氰废水、含氰尾矿等会对环境造成污染。但氰化法不仅对矿石的适应性强，金回收率高，而且工艺简单，成本低，有利于规模化生产。

氰化浸出根据矿石性质不同分为原矿直接氰化浸出、浮选金精矿氰化浸出和浮选尾矿氰化浸出。对于原矿直接氰化浸出，原矿金品位为 1~8 g/t，浸出液 pH 值约为 11，磨矿细度为-0.074 mm 占 90%以上，矿浆浓度（固相或矿石的质量分数，后同）为 20%~40%，氰化钠用量为 2~3 kg/t，浸出时间为 24~48 h，金的浸出率为 80% ~ 96%[29-33]。对于浮选金精矿氰化浸出，王众[34]对金品位 27.60 g/t 的浮选金矿进行了氰化浸出试验，在氰化钠用量为 4.50 kg/t，浸出时间为 48 h 的条件下，金的浸出率为 95%。李军等人[35]对西藏某石英脉金矿的浮选尾矿进行了氰化浸出试验，浮选尾矿金品位为 0.35 g/t，金主要存在于石英及硅酸盐矿物中，在浸出液 pH 值约为 11，矿浆浓度为 40%，氰化钠用量为 3 kg/t，浸出时间为 48 h 的条件下，得到的金浸出率为 79. 31%；为了对比，还进行了无氰浸出试验，效果不理想。刘新刚等人[36]对含铁含铜难选金矿石浮选尾矿进行氰化浸出，在浸出液 pH 值为 10~11，氰化剂选用氰化钠（在矿浆中质量分数为 0. 1%~0.05%），浸出时间为 24 h 的条件下，得到的金浸出率为 72. 84%。

1.1.2.2 硫代硫酸盐浸出法

硫代硫酸盐是一种被广泛应用的无机化学药剂。国内外已对硫代硫酸盐法浸金技术进行了广泛、深入地研究，研究结果表明该方法具有无毒、浸出速度快及对杂质不敏感等优点。而且硫代硫酸盐是一种价格便宜、使用简单方便的药剂，能与金生成稳定的配合物。由于硫代硫酸盐法浸出是在碱性介质中进行的，对设备腐蚀性很小。硫代硫酸盐法作为一种重要的非氰浸金方法，被科研工作者认为是最有潜力取代氰化法的非氰浸金方法。但与氰化法相比，硫代硫酸盐浸出法存在硫代硫酸盐易分解，贵液中金不易提取等缺点[37-41]。

1.1.2.3 硫脲浸出法

硫脲浸金必须在酸性条件下进行，硫脲是一种易溶于水的有机化合物，水溶液呈中性，硫脲在酸性溶液中具有还原性质，可被氧化而生成多种产物，如二硫甲脒[42]。金与硫脲形成可溶性络离子从而提出金，这是由吸附、扩散和传质等多相反应构成的复杂液固相反应体系。该反应吸附速率非常快，金缔合也特别快，用超声波强化扩散的外力，使其在扩散过程中受到抑制作用，这样能够提高金的浸取速率[43]。硫脲法浸金溶金速率是氰化浸出的 4~5 倍，可避免复膜钝化情形，其选择性比较好，对铜、锌、砷及铅的敏感程度比氰化法低很多。该法的缺点是硫脲比较贵，且有研究认为硫脲有致癌性，因而影响了该法的推广应用。

1.1.2.4 碘化浸出法

在有络合剂存在的情况下金能达到完全氧化，这是由于氧化剂与络合剂同时存在是金溶解的必要条件。碘是无毒药剂，I^- 氧化性仅次于 CN^-，金以阴离子络合物形式 $[AuI_2]^-$ 进入溶液，碘从含金碘化物溶液中将金提出。在碘-碘化物溶液浸金过程中，DAVIS 等人[44]发现碘的浸金速率要比氰化物快 10 多倍。碘化法通常应在弱碱性介质中进行，虽然碘的价格比较贵，但其对环境污染小，因此碘化法是一种非常有前景的浸金技术。

1.1.2.5 多硫化物法

多硫化物溶液的有效成分是多硫根离子，如 Na_2S_x、$(NH_4)_2S_x$ 溶液。多硫化物溶液体系相对不稳定，浸金前通常应该先用 EDTA（乙二胺四乙酸）容量法测定其多硫根离子浓度，确定其有效的浸金成分。1962 年，苏联学者就提出了多硫化铵浸金法。目前，南非学者也研究了多硫化物非氰化浸金方法，处理对象是 As-Sb-Au 硫化精矿，矿石中砷的含量（质量分数）高达 4.5%，最可喜的是金的回收率可高达 90%。此技术的优点是选择性高，基本没有污染，可以处理低品位矿石[45]。

1.2　金与石英及硅酸盐矿物的作用及对浸金的影响

金性质稳定，但与硅作用时会变得活泼[46-47]，相互之间表现出较强的共熔性[48]。金和硅易形成非晶态合金而不是稳定的晶体[49-50]，即金属玻璃[51]。含硅矿物在选矿过程中发生化学反应，产生活性半晶相或非晶相的硅胶类组分，如聚合硅和短链的硅酸盐[52-53]。活性硅胶组分与金吸附，生成一种较强的金硅键，打开此键要有较强的能量，当前的浸出技术得到的金的浸出速率及浸出率并不是很理想，降低了生产效率，造成了资源的浪费[9]。同时，含硅矿物在氰化浸出过程中会生成羟基化胶体类物质，会吸附在金的氰化络合物上，产生"劫金"效应，影响金的浸出率[54]。硅酸盐矿物和黏土矿物（如伊利石、高岭石和蒙脱石）也可能吸附胶体金[55]。刁淑琴[56]在贵州黔西南金矿中虽然未发现自然金及其他金的独立矿物，但发现占总量93.71%的金存在于以水云母为主的黏土矿物中。方兆珩等人[57]认为金矿石应用常规氰化法浸出时，金浸出率低的主要影响因素是超细微粒金高度弥散分布在硫化物和硅酸盐矿物中，次要影响因素则是"有机碳"的"劫金"作用。也有资料[58]显示硅酸盐在氰化浸出过程中会消耗氰化物，影响金的氰化浸出效果，增加选矿成本。

2 试验材料、仪器和方法

2.1 试 验 原 料

2.1.1 试验用单矿物

试验用到石英及 3 种硅酸盐矿物，硅酸盐矿物分别为长石、云母和高岭石；4 种金属硫化矿单矿物，分别为黄铁矿、黄铜矿、方铅矿和毒砂。

石英取自内蒙古自治区，乳白色，断面有玻璃光泽无解理，伴生有含铁矿物；长石取自湖北省黄冈市某矿业开发有限公司，肉红色；云母取自河北省灵寿县某矿业公司，有完善的解理，可以剥分，解理面呈珍珠光泽；高岭石取自江苏省徐州市徐州高岭化工科技有限公司，呈浅灰色，土状光泽，构造呈致密块状，硬度为 2.0~3.5，属三斜晶系的层状结构硅酸盐矿物。

黄铁矿取自云南，浅黄铜色，有明亮的金属光泽；黄铜矿取自河北，铜黄色，致密块状，条痕为微带绿的黑色；方铅矿取自湖南，铅灰色，呈立方体的晶形，金属光泽；毒砂取自湖南，锡白色，有金属光泽，锤击时有蒜臭味，条痕为灰黑色。

对石英、长石、高岭石、云母、黄铁矿、黄铜矿、方铅矿及毒砂样品分别进行了化学多元素分析和 X 射线衍射（XRD）检测。化学多元素分析结果见表 2.1~表 2.8，XRD 检测结果如图 2.1 和图 2.2 所示。

表 2.1　石英的化学多元素分析结果

成分	SiO_2	Fe_2O_3	Al_2O_3	MgO	CaO	WO_3
含量/%	94.400	4.412	0.521	0.248	0.148	0.114
成分	K_2O	SO_3	Cr_2O_3	MnO	CuO	PbO
含量/%	0.050	0.041	0.028	0.018	0.007	0.005

表 2.2　长石的化学多元素分析结果

成分	SiO_2	Al_2O_3	K_2O	Na_2O	Fe_2O_3	CaO
含量/%	63.370	18.360	11.610	3.070	2.138	0.133
成分	Rb_2O	WO_3	SO_3	MgO	Cr_2O_3	MnO
含量/%	0.094	0.049	0.032	0.130	0.010	0.011

表2.3 高岭石的化学多元素分析结果

成分	Na$_2$O	MgO	Al$_2$O$_3$	SiO$_2$	P$_2$O$_5$	SO$_3$	ZrO$_2$	Cl
含量/%	0.088	0.210	35.000	45.290	0.067	0.040	0.024	0.021
成分	K$_2$O	CaO	TiO$_2$	Cr$_2$O$_3$	MnO	Fe$_2$O$_3$	WO$_3$	NiO
含量/%	0.094	0.298	1.370	0.012	0.012	2.205	0.010	0.006

表2.4 云母的化学多元素分析结果

成分	SiO$_2$	Al$_2$O$_3$	K$_2$O	H$_2$O	Fe$_2$O$_3$	MgO	Na$_2$O	TiO$_2$
含量/%	44.570	28.490	9.895	5.760	8.056	1.360	0.448	0.774
成分	Rb$_2$O	MnO	ZrO$_2$	BaO	WO$_3$	PbO	CuO	V$_2$O$_5$
含量/%	0.020	0.029	0.030	0.140	0.028	0.018	0.010	0.017

表2.5 黄铁矿的化学多元素分析结果

成分	SO$_3$	Fe$_2$O$_3$	SiO$_2$	Al$_2$O$_3$	CaO	K$_2$O	P$_2$O$_5$
含量/%	62.480	31.850	2.310	1.710	0.538	0.379	0.302
成分	MgO	TiO$_2$	Cl	Cr$_2$O$_3$	CuO	NiO	MnO
含量/%	0.190	0.183	0.028	0.007	0.007	0.007	0.005

表2.6 黄铜矿的化学多元素分析结果

成分	SO$_3$	Fe$_2$O$_3$	CuO	SiO$_2$	ZnO	MgO	Al$_2$O$_3$
含量/%	47.120	24.870	22.210	3.050	0.887	0.858	0.459
成分	PbO	CaO	Ag	As$_2$O$_3$	Cl	Bi$_2$O$_3$	
含量/%	0.374	0.068	0.045	0.023	0.018	0.013	

表2.7 方铅矿的化学多元素分析结果

成分	PbO	SO$_3$	SiO$_2$	CaO	Al$_2$O$_3$	Cl
含量/%	75.230	24.160	0.258	0.090	0.088	0.061
成分	CuO	ZnO	Rb$_2$O	Tl	Ag	
含量/%	0.048	0.016	0.007	0.001	0.047	

表2.8 毒砂的化学多元素分析结果

成分	Fe$_2$O$_3$	As$_2$O$_3$	SiO$_2$	SO$_3$	CaO	F	MgO
含量/%	25.170	24.000	21.970	18.710	4.150	2.200	1.960
成分	Al$_2$O$_3$	P$_2$O$_5$	PbO	MnO	K$_2$O	SeO$_2$	CuO
含量/%	1.050	0.203	0.159	0.113	0.080	0.044	0.039

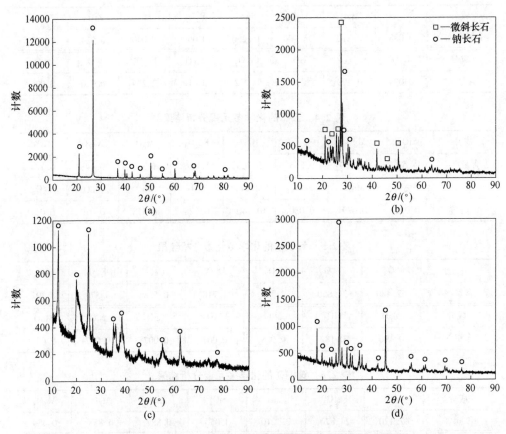

图 2.1 石英、长石、高岭石及云母的 XRD 检测结果
(a) 石英；(b) 长石；(c) 高岭石；(d) 云母

由化学多元素分析和 XRD 检测结果可知：石英、高岭石、长石、云母、黄铁矿、黄铜矿及方铅矿满足纯矿物要求；毒砂单矿物样品中含有石英矿物，但因焙烧试验的目的是探索石英与金相互作用，因此，毒砂样品中石英对试验结果影响不大，该样品可以作为毒砂单矿物样品进行试验。

2.1.2 金矿物及金矿石

试验用金纯矿物采用微细粒金粉（纳米级或微米级），购于上海瀚思化工有限公司，纯度大于 99.9%。

试验用金矿石选择氧化矿型金矿石、硫化矿（以黄铁矿、毒砂为主）型金矿石和含碳金矿石 3 种典型金矿石。

2.1.2.1 氧化矿型金矿石

氧化矿型金矿石取自广西壮族自治区。采用 X 射线荧光光谱分析法及化学多

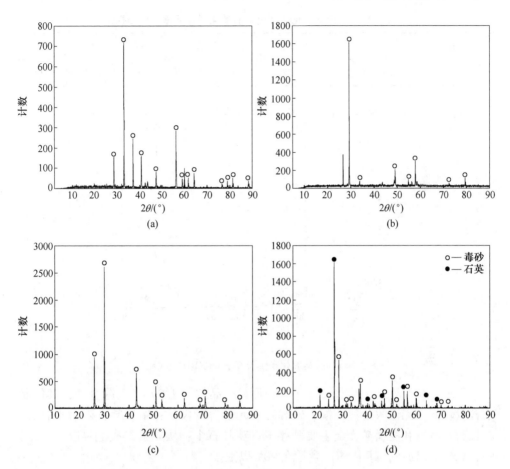

图 2.2　黄铁矿、黄铜矿、方铅矿及毒砂的 XRD 检测结果
(a) 黄铁矿；(b) 黄铜矿；(c) 方铅矿；(d) 毒砂

元素分析法测定原矿化学成分及含量，结果分别见表 2.9 和表 2.10；采用 X 射线衍射法检测样品的矿物组成，结果如图 2.3 所示。

表 2.9　广西某氧化矿型金矿石的 X 射线荧光光谱分析结果

成分	Na_2O	MgO	Al_2O_3	SiO_2	P_2O_5	SO_3	K_2O
含量/%	0.032	0.175	6.926	90.13	0.027	0.118	0.815
成分	CaO	TiO_2	Cr_2O_3	MnO	Fe_2O_3	CuO	ZnO
含量/%	0.133	0.099	0.011	0.011	1.452	0.006	0.010
成分	As_2O_3	Rb_2O	SrO	ZrO_2	BaO	Ag	PbO
含量/%	0.002	0.004	0.003	0.004	0.021	0.003	0.012

表 2.10   广西某氧化矿型金矿石的化学多元素分析结果

成分	Au/g·t⁻¹	Zn	TFe	MgO	Al₂O₃	CaO	S	SiO₂
含量/%	1.29	0.005	1.221	0.164	6.897	0.095	0.092	91.051

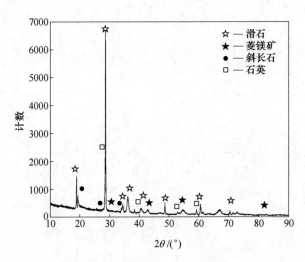

图 2.3   广西某氧化矿型金矿石的 XRD 检测结果

由表 2.9、表 2.10 和图 2.3 可知:原矿金品位为 1.29 g/t,除金外,其他元素含量较低,无回收价值,铜、砷等有害元素含量极低;主要脉石矿物为石英、斜长石、滑石和菱镁矿,金主要赋存于石英脉石中;从元素组成上看以 Si、Al、Fe、Mg、Ca 为主,其中 SiO₂ 含量在 90% 以上。

2.1.2.2   硫化矿型金矿石

硫化矿型金矿石取自辽宁省凌海市。采用 X 射线荧光光谱分析法及化学多元素分析法测定原矿化学成分及含量,结果分别见表 2.11 和表 2.12;采用 X 射线衍射法检测样品的矿物组成,结果如图 2.4 所示。

表 2.11   凌海市某硫化矿型金矿石的 X 射线荧光光谱分析结果

成分	F	Na₂O	MgO	Al₂O₃	SiO₂	P₂O₅	SO₃
含量/%	0.221	2.727	1.746	12.875	64.327	0.260	0.857
成分	K₂O	CaO	TiO₂	Cr₂O₃	MnO	Fe₂O₃	NiO
含量/%	4.233	4.362	0.666	0.017	0.117	7.328	0.009
成分	CuO	ZnO	Rb₂O	SrO	ZrO₂	BaO	PbO
含量/%	0.007	0.013	0.021	0.067	0.031	0.091	0.022

表 2.12　凌海市某硫化矿型金矿石的化学多元素分析结果

成分	Au/g·t⁻¹	TFe	S	SiO₂	Al₂O₃	CaO
含量/%	6.33	6.53	0.70	65.62	11.69	2.86
成分	Ag/g·t⁻¹	MgO	Na₂O	K₂O	As	
含量/%	16.21	1.81	3.34	3.04	1.02	

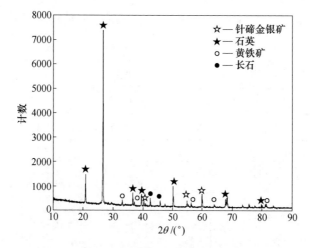

图 2.4　凌海市某硫化矿型金矿石的 XRD 检测结果

由表 2.11、表 2.12 和图 2.4 可知：原矿金品位为 6.33 g/t；矿石中金属矿物主要为黄铁矿，含量较低，脉石矿物主要为石英和长石等。该矿石主要由石英岩和黑云母片岩构成，呈条带状相间分布，金属矿物主要以细粒浸染状或细脉状分布于黑云母片岩中，嵌布粒度较细。

2.1.2.3　含碳金矿石

含碳金矿石取自辽宁省丹东市宽甸地区。采用 X 射线荧光光谱分析法及化学多元素分析法，测定原矿化学成分及含量，结果分别见表 2.13 和表 2.14，矿物组成及含量统计结果见表 2.15；采用 X 射线衍射法检测样品的矿物组成，结果如图 2.5 所示。

表 2.13　丹东市某含碳金矿石的 X 射线荧光光谱分析结果

成分	Na₂O	MgO	Al₂O₃	SiO₂	P₂O₅	SO₃	K₂O
含量/%	0.265	1.260	8.020	73.810	0.042	5.166	2.071
成分	CaO	TiO₂	Cr₂O₃	MnO	Fe₂O₃	CuO	ZnO
含量/%	3.029	0.227	0.011	0.0659	5.569	0.0297	0.0278
成分	As₂O₃	Rb₂O	SrO	ZrO₂	BaO	WO₃	PbO
含量/%	0.116	0.0073	0.0123	0.0076	0.028	0.0975	0.0891

表 2.14 丹东市某含碳金矿石的化学多元素分析结果

成分	Au/g·t^{-1}	Pb	TFe	As	S	C
含量/%	1.81	0.085	4.39	0.082	2.81	1.07
成分	Ag/g·t^{-1}	Zn	SiO$_2$	Al$_2$O$_3$	CaO	MgO
含量/%	3.10	0.078	72.65	9.13	3.30	1.66

表 2.15 丹东市某含碳金矿石的矿物组成及含量统计结果

矿物组成	黄铁矿	石墨	闪锌矿	黄铜矿	方铅矿
含量/%	13.85	1.22	0.10	0.04	0.03
矿物组成	毒砂	磁铁矿	褐铁矿	板钛矿	非金属矿物
含量/%	0.02	0.01	0.05	0.02	84.66

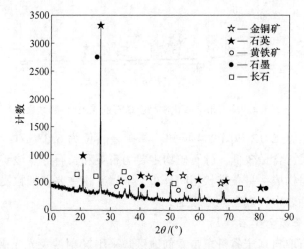

图 2.5 丹东市某含碳金矿石的 XRD 检测结果

由表 2.13~表 2.15 和图 2.5 可知：原矿金品位为 1.81 g/t；金矿物粒度较细，大部分被金属硫化物或脉石矿物包裹，矿石中含有石墨，其含量为 1.22%，金属硫化物含量较高，主要为黄铁矿，其含量为 13.85%，闪锌矿、黄铜矿、方铅矿和毒砂等的含量很少；黄铁矿粒度分布较细，部分黄铁矿为单体，黄铁矿与脉石矿物的连生体占 41.29%。

2.2 试验设备

试验所用设备的名称、型号及生产厂家见表 2.16。

表 2.16 试验所用主要器材和设备明细

名　称	型　号	生　产　厂　家
电热蒸馏水器	HS. Z68. 10	北京市光明医疗仪器厂
多用真空过滤机	XTLZ-ϕ260	四川地质矿产勘查开发局
取样器	BIO-DL	苏州浒墅关阳山工业园俊峰电子厂
振动磨	XZM-1	长春科光机电有限公司
研磨机	KSM-01	淄博雷德精细陶瓷有限公司
密封式粉碎机	GJ-AX	南昌化验制样机厂
电子天平	JA2003	余姚市金诺天平仪器有限公司
电子天平	YP3001N	上海精密科学仪器有限公司
数显恒温磁力搅拌槽	85-2A	江苏省金坛市仪器制造有限公司
电动离心机	TDL-5A	江苏省金坛市仪器制造有限公司
颚式破碎机	PEX-100×120	武汉探矿机械厂
充气多功能浸出搅拌机	XJT$_{\rm II}$	吉林省探矿机械厂
双辊破碎机	XPC-200×125	天津市华联矿山仪器厂
球磨机	XMB-ϕ200×240	武汉探矿机械厂
集热式磁力加热搅拌器	DF-1	江苏荣华仪器制造有限公司
pH Meter	pHs-25	上海盛磁仪器有限公司
密封式制样破碎机	BFA	南昌市恒业矿冶机械厂
电热恒温水浴锅	DZKW-D-2	北京市光明医疗仪器厂
原子吸收光谱仪	AAnalyst200	美国 Perkin-Elmer 公司
红外光谱仪	NICOLET 380 FTIR	Thermo Electron Corporation
高温马弗炉	ZY-M-B14	洛阳科炬炉业有限公司
X 射线荧光光谱仪	布鲁克 S8 TIGER	德国布鲁克公司
X 射线衍射仪	X' Pert Powder	荷兰帕纳科公司
循环水式多用真空泵	SHB-Ⅲ	郑州长城科工贸有限公司
超声波清洗器	KQ-100	昆山市超声仪器有限公司
电热恒温干燥箱	DHG-9247A	上海精宏试验设备有限公司
场发射扫描电子显微镜	Zeiss-ΣIGMA HD	德国蔡司公司
电热鼓风干燥箱	GZX-9030	上海博迅实业有限公司医疗设备厂
工作站	DELL PRECISION TOWER 7910	戴尔（中国）有限公司
X 射线光电子能谱仪	—	中国科学院金属研究所
电化学工作站	Vertex. One. EIS	荷兰 IVIUM 公司
旋转圆盘电极	ATA-1B	泰州市银河仪器厂

2.3 试验药剂

本试验所用化学药剂明细见表 2.17。

表 2.17 试验所用药剂明细

名　称	化 学 式	生 产 厂 家
纳米金	Au	上海阿拉丁试剂有限公司
氰化钾	KCN	沈阳市试剂二厂
硝酸钾	KNO_3	西陇化工股份有限公司
氢氧化钠	NaOH	天津市恒兴化学试剂制造有限公司
氮气	N_2	鞍山气体有限公司
乙醇	C_2H_5OH	天津市富宇精细化工有限公司
溴化钾	KBr	天津市大茂化学试剂厂
碘化钾	KI	沈阳市新东试剂厂
碘	I_2	天津市津南区咸水沽工业园区
过氧化镁	MgO_2	自制
柠檬酸	$C_6H_8O_7 \cdot H_2O$	天津市科密欧化学试剂有限公司
柠檬酸三钠	$C_6H_5Na_3O_7 \cdot 2H_2O$	国药集团化学试剂有限公司
十二烷基硫酸钠	$C_{12}H_{25}OSO_3Na$	临沂市兰山区绿森化工有限公司
硫代硫酸铵	$H_8N_2O_3S_2$	上海阿拉丁试剂有限公司
硅酸钠	Na_2SiO_3	天津市科密欧化学试剂有限公司
六偏磷酸钠	$Na_6P_6O_{18}$	国药集团化学试剂有限公司
氯化铵	NH_4Cl	天津市瑞金特化学药品有限公司
硫酸铵	$(NH_4)_2SO_4$	天津市瑞金特化学药品有限公司
钼酸铵	$(NH_4)_2MoO_4$	天津市化学试剂四厂凯达化工厂
草酸铵	$(NH_4)_2C_2O_4$	天津市科密欧化学试剂有限公司
磷酸氢二铵	$(NH_4)_2HPO_4$	天津市科密欧化学试剂有限公司
氯化羟胺	$HONH_3Cl$	国药集团化学试剂有限公司
六次甲基四胺	$C_6H_{12}N_4$	沈阳市试剂工厂
羧甲基纤维素钠	$RnOCH_2COONa$	国药集团化学试剂有限公司

名　称	化学式	生产厂家
聚丙烯酰胺	$[CH_2CH(CONH_2)]_n$	国药集团化学试剂有限公司
蔗糖	$C_{12}H_{22}O_{11}$	天津市科密欧化学试剂有限公司
可溶性淀粉	$(C_6H_{10}O_5)_n$	天津市科密欧化学试剂有限公司
重铬酸钾	$KCrO_7$	成都市科龙化工试剂厂
过氧化氢	H_2O_2	沈阳市新华试剂厂

2.4 试验、计算及分析方法

2.4.1 吸附量和吸附率的计算

试验通过检测矿浆中金的质量浓度来计算石英及硅酸盐矿物对溶液中金的吸附量和吸附率。吸附量和吸附率计算方法见式（2.1）~式（2.3）。

$$\gamma = \frac{(C_2 - C_1)V}{1000m} \tag{2.1}$$

$$\theta = \frac{C_2 - C_1}{C_2} \times 100\% \tag{2.2}$$

$$w = \frac{(C_2 - C_1)V}{1000} \tag{2.3}$$

式中　γ——吸附量，mg/g；

　　　θ——吸附率，%；

　　　w——金的总吸附量，mg；

　　　C_1——离心液相中金的质量浓度，mg/L；

　　　C_2——初始金溶液的质量浓度，mg/L；

　　　m——矿量，g；

　　　V——金溶液的体积，mL。

根据吸附量和吸附率，可以确定石英及硅酸盐矿物对溶液中金的吸附规律。

2.4.2 搅拌试验方法

将单矿物磨细至-0.074 mm，与一定质量浓度的金络合物溶液混合后进行搅拌，离心分离搅拌液。分离得到的液体采用原子吸收光谱仪测定金的质量浓度，计算金的吸附率和吸附量；分离得到的固体经洗涤烘干后留作表面分析用。搅拌试验流程如图 2.6 所示。

2.4.3　研磨试验方法

对粒度为−2 mm 的石英和金络合物溶液进行了混合研磨试验,研磨试验流程如图 2.7 所示。

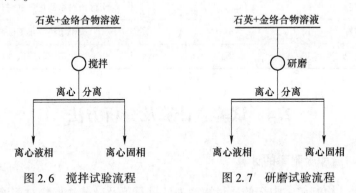

图 2.6　搅拌试验流程　　　　　图 2.7　研磨试验流程

2.4.4　搅拌试验方法对比试验分析

对比试验分为 A 和 B 两组试验。A 组试验:将石英与一定质量浓度的金溶液混合,再加入按照一定比例配制好的 I_2-KI 固体进行搅拌或研磨试验。B 组试验:在不加 I_2-KI 固体的情况下按照 A 组设置的试验条件进行搅拌或研磨试验。分别计算 A、B 两组试验所得金的吸附量。对比试验通过改变吸附时间、初始金溶液浓度、矿浆浓度、浸出剂用量等试验条件来探索碘浸出剂能否抑制石英与溶液中金的吸附。根据 A、B 两组试验金的吸附量对比,可以确定抑制石英对溶液中金的吸附的最佳试验条件。

2.4.5　金矿石的氰化助浸试验

本试验金矿石的破碎采用两段一闭路的破碎流程。先用 PEX-100×120 型颚式破碎机将最大给矿粒度为 80 mm 的原矿破碎至粒度不大于 10 mm 的矿石,再经过由 XPC-200×125 型对辊破碎机与筛孔为 2 mm 的方格筛组成的闭路流程,破碎得到粒度为 2 mm 以下的产品。然后混匀并缩分破碎产品,每袋质量为 200 g。破碎产品再经过棒磨机进行磨矿试验,磨矿浓度为 66.67%。

采用单因素试验法开展浸出试验。通过对磨矿时间、磨矿细度、氰化钾用量、矿浆 pH 值、温度、搅拌转速和助浸剂种类等因素的考察,分析各因素对浸金效果的影响。每次取试样 400 g,磨矿,添加助浸剂、保护碱及氰化钾,进行浸出试验。待达到浸出时间后,离心、过滤,取样化验分析金浓度,计算金的浸出率。氰化助浸试验流程如图 2.8 所示。

2.4.6 等温吸附模型拟合与分析

搅拌时间及研磨时间试验确定了作用时间和平衡浓度之间的关系；金溶液的浓度试验确定了吸附平衡时金溶液浓度和平衡吸附量之间的关系。根据 Dubinin-Radushkevich、Temink、Freundlich 等温模型拟合结果确定了搅拌作用下石英吸附溶液中金的吸附类型，此外根据 Freundlich 等温吸附模型及 Langmuir 等温吸附模型确定了石英对溶液中金的吸附的难易程度。

2.4.7 吸附动力学模型拟合与分析

通过物理化学吸附动力学的方法探索搅拌作用下石英对金吸附的吸附模型。采用准一级动力学模型、准二级动力学模型及颗粒内扩散模型拟合来描述石英对溶液中金的吸附规律，探索石英对溶液中金的吸附性质。

2.4.8 Materials Studio 模拟分析

图 2.8 氰化助浸试验流程

采用软件 Materials Studio 中的 CASTEP 模块，在收敛精度为 Fine 的条件下，首先，分别对矿物进行结构优化，即对矿物的密度泛函、截断能、K 点等 3 个必要参数进行收敛性测试，以便快速地表达一个最佳的晶体几何结构；其次，分别分析矿物的能带结构、态密度及 Mulliken 布居。通过能带结构分析，找出费米能级，确定矿物的禁带宽度，判断其是否为半导体。通过态密度分析，判断矿物各个能级的轨道贡献，最终确定矿物中发挥最主要作用的原子和轨道。通过 Mulliken 布居分析，分析矿物优化后各个轨道的带电情况，确定最活跃的原子轨道；然后，在考虑计算局限和模拟精度的前提下，分别对矿物的原子层厚度和真空层厚度进行收敛性测试并计算表面能；最后，分别计算水分子、氢氧根离子和目标离子在矿物表面的吸附能，并进行 Mulliken 布居分析。

通过阅读文献得到矿物能量最低解离面，对原子层厚度及真空层厚度进行优化，在表面能的变化范围小于 0.05 J/m² 时，确定解离面的最佳表面结构。对矿物进行弛豫，对弛豫后的石英及硅酸盐矿物晶体在真空条件下分别与被吸附物建立吸附模型，进行量子化学计算。对量子化学计算后的几何吸附构型进行原子编号。

表面能[59-60]计算公式为

$$E_{surf} = [E_{slab} - (N_{slab}/N_{bulk}) \cdot E_{bulk}]/2A \tag{2.4}$$

式中　E_{slab}——表面厚度能，eV；

　　　N_{slab}——厚度层里包含的原子数；

　　　E_{bulk}——单胞体积能，eV；

　　　N_{bulk}——单胞体积包含的原子数；

　　　　2——在表面层里 z 轴的两个面；

　　　　A——表面单位面积。

吸附能[61-62]计算公式为

$$\Delta E_{ads} = E_{complex} - (E_{adsorbate} + E_{mineral})　\qquad (2.5)$$

式中　ΔE_{ads}——吸附能，eV；

　　　$E_{complex}$——吸附物和矿物最佳吸附结构的能量，eV；

　　　$E_{adsorbate}$——吸附物的总能量，eV；

　　　$E_{mineral}$——切割矿物表面的能量，eV。

ΔE_{ads} 为负值时，表示该反应为放热反应，绝对值越大，吸附体系越稳定，吸附越易发生。

2.4.9　焙渣对氰化金的吸附试验

对氰化钾溶液与金粉混合物进行磁力搅拌，配制质量浓度为 120 mg/L 的氰化金溶液。取焙渣 3 g，在矿浆浓度为 12.50%，搅拌时间为 30 min，转速为 500 r/min 的条件下，进行焙渣与氰化金的吸附试验。

2.4.10　电化学试验

电化学试验用到的检测分析设备主要有荷兰 IVIUM 公司生产的 Vertex. One. EIS 型电化学工作站和泰州市银河仪器厂生产的 ATA-1B 型旋转圆盘电极。金电极由圆柱（ϕ3 mm×6 mm）状纯金（99.99%），通过导电含银树脂镶嵌在带有螺纹的铜套筒内，外表覆盖环氧树脂所构成。金电极转速可调。工作电极（金电极）、参比电极（甘汞电极）及对电极（铂电极）共同放置于含电解质的反应槽内。试验用氰化钾为分析纯试剂，试验用水为二次蒸馏水。金电极依次用蒸馏水、稀硝酸、蒸馏水、无水乙醇浸泡 20 s，超声清洗 5 min，然后再用蒸馏水冲洗干净。金的阳极极化曲线是在常温、磁力搅拌、碱性氰化钠溶液中进行试验测得的数据描绘成的，电位扫描范围为 −0.8 ~ +0.8 V。阳极扫描是在金电极浸入电解质溶液后立即进行的测试。先向电解池中添加支持电解质溶液（浓度为 0.1 mol/L 的 KNO_3 溶液），再加入 NaOH 调节 pH 值到 11.0，然后再添加浓度为 0.02 mol/L 的 KCN 溶液和不同粒级的石英及硅酸盐矿物，研究其对金阳极溶解的影响。

2.4.11 线性扫描伏安法

采用线性扫描伏安法[63]控制金电极电位，使其以恒定的速度变化，即使 dE/dt＝常数，同时测量通过金电极的电流就可得到线性扫描伏安曲线（也称动电位扫描曲线）。其应用有：判定电化学反应可否发生，定性和定量分析，比较各种因素对金电极反应的影响程度，判定反应物的来历，判定金电极反应的可逆性。这些应用都可以用于研究 Au-Si 体系中金电极反应的过程动力学特性。为确保稳态效果，使扫描过程在稳态下进行，应进行扫描速率预备试验。由高速率到低速率进行扫描速率试验，当低于某一扫描速率的所有扫描速率下的极化曲线重合时，即表明该扫描速率下的极化过程属于稳态极化过程。试验中扫描速率确定为 1 mV/s。在阳极极化过程中，外加电压在工作电极上，电解质气氛可以通过外加气体调节。所得电流密度曲线可以用于判断金的溶解特性。

2.4.12 红外光谱分析

采用 NICOLET 380 FTIR 红外光谱仪对试样进行红外光谱分析。操作步骤为：预热设备，采集光谱纯的 KBr 背景；取试样与光谱纯的 KBr，约 1/100，放入玛瑙研钵内混合均匀，研磨，压片；在光谱仪上对样片进行扫描。红外光谱仪扫描范围为400～4000 cm^{-1}，分辨率为 4 cm^{-1}，扫描速率为 0.633 cm/s，数据点间隔为 1.929 cm^{-1}。

2.4.13 扫描电子显微镜分析

测量时，在干净的扫描电子显微镜（SEM）样品台上粘贴裁剪好尺寸的导电胶，取少量固体样品粉末撒在导电胶上，吹走在导电胶上未粘牢的样品；在样品表面喷镀上 Pt，喷镀时间为 90 s，扫描电压为 15 kV。测试样品时可根据样品的导电性和能谱需要调整扫描电压和电流。

2.4.14 X 射线衍射分析

将待测样品研磨至-45 μm，在载物片上铺压成平面后，在常温下置于 X 射线衍射仪中进行检测。衍射图谱根据粉末衍射数据标准联合委员会国际衍射数据中心（JCPDS-ICDD）的 PDF2-2004 卡片版本进行分析。

2.4.15 X 射线荧光光谱分析

X 射线荧光（X-ray Fluorescence，XRF）是用 X 射线照射物质而发出的次级 X 射线。根据 X 射线荧光的波长，采用 X 射线荧光光谱仪能够对元素周期表中氧元素以后的绝大多数元素进行定性、定量及无标样定量检测。X 射线荧光分析主要适用于固体物料、松散粉末、不规则样品等的元素组成分析，同时它还广泛应用于选矿、冶金和化工等领域中的常量和微量元素的分析。准备待测试样，在压片机上进行压片处理，然后置于干燥箱中。在德国生产的布鲁克 S8 TIGER 型 X 射线荧光光谱仪上进行 X 射线荧光光谱分析，元素含量检测范围从接近 $10^{-4}\%$ 到 100%，精度为 0.05%（相对），最大电压为 60 kV，最大电流为 150 mA。

3 机械作用下石英及硅酸盐矿物 与金及其氯化物的吸附

将石英和金的溶液充分混合后进行了细度试验、搅拌试验、洗脱试验、条件对比试验及 I_2-KI 试验，以研究石英对溶液中金的吸附规律。利用物理化学等温吸附模型和吸附动力学模型分析了石英对溶液中金的吸附性质，并采用红外光谱分析研究了石英、长石、白云母和高岭石与金粉及金的氯化物的相互作用。

3.1 石英与金溶液中金的吸附试验

3.1.1 搅拌试验

3.1.1.1 细度试验

在矿量为 5 g，矿浆浓度为 20%，金溶液中金的质量浓度为 120 mg/L，搅拌时间为 1.5 min，搅拌转速为 500 r/min 的条件下，考查了石英的细度对其吸附溶液中金的影响，试验结果如图 3.1 所示。

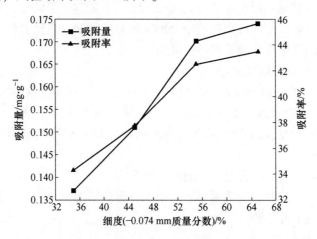

图 3.1 石英的细度试验结果

由图 3.1 可以看出，搅拌作用下石英对溶液中金的吸附和石英的细度有关，随着石英细度的升高，石英对金的吸附率和吸附量均增加。这是因为随着石英细度的升高，石英的比表面积增大，因而增加了其与溶液中金的接触概率，促进了其对溶液中金的吸附。

3.1.1.2　矿浆浓度试验

矿浆浓度在试验过程中是一个较为重要的指标。在石英的细度为-0.074 mm 占 65%，矿量为 5 g，金溶液质量浓度为 120 mg/L，搅拌时间为 45 s，搅拌转速为 500 r/min 的条件下，考查了矿浆浓度对石英吸附溶液中金的影响，试验结果如图 3.2 所示。

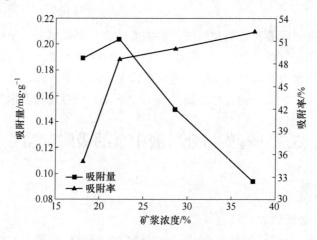

图 3.2　矿浆浓度试验结果

由图 3.2 可以看出：矿浆浓度在 18%~22.2% 时，随着矿浆浓度的升高，石英对金的吸附量增加；而矿浆浓度超过 22.2% 后，随着矿浆浓度的升高石英对金的吸附量降低。矿浆浓度升高溶液中金的吸附总量增加，在试验的矿浆浓度范围内，石英对金的吸附率均随矿浆浓度升高而增加。

3.1.1.3　金溶液浓度试验

在石英的细度为-0.074 mm 占 65%，矿量为 5 g，矿浆浓度为 28.57%，搅拌时间为 1 min，搅拌转速为 500 r/min 的条件下，考查了金溶液中金的质量浓度（由质量浓度为 1000 μg/mL 的标准金溶液稀释而成）对石英吸附金的影响，试验结果如图 3.3 所示。

由图 3.3 可以看出：在金溶液的质量浓度为 90~135 mg/L 时，随着金溶液质量浓度的升高，石英对金的吸附量逐渐增加，但后期增幅减小；而石英对溶液中金的吸附率则呈下降趋势。

3.1.1.4　搅拌时间试验

搅拌时间是控制试验的一个重要条件。在石英的细度为-0.074 mm 占 90%，矿量为 3.5 g，矿浆浓度为 14%，搅拌转速为 500 r/min，金溶液质量浓度为 150 mg/L 的条件下，通过改变搅拌时间来探索石英对溶液中金的吸附规律。石英对溶液中金的吸附量和吸附率的关系如图 3.4 所示。

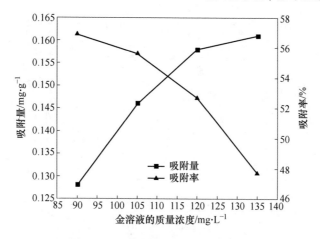

图 3.3 金溶液的质量浓度试验结果

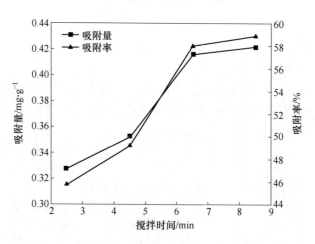

图 3.4 石英对溶液中金的吸附量和吸附率的关系

由图 3.4 可以看出，随着搅拌时间的增加石英对溶液中金的吸附量和吸附率均呈不断增加的趋势。其中：搅拌时间在 2.5~6.5 min 时，吸附作用较强；搅拌时间在 6.5~8.5 min 时，随着搅拌时间增加，吸附量变化幅度较小。

3.1.1.5 搅拌强度试验

在石英的细度为 -0.074 mm 占 90%，矿量为 3.5 g，矿浆浓度为 14%，搅拌时间为 2.5 min，初始金溶液质量浓度为 150 mg/L 的条件下，通过改变搅拌转速考查了石英对溶液中金的吸附影响，试验结果如图 3.5 所示。

由图 3.5 可以看出：搅拌转速在 250~500 r/min 时，随着搅拌转速的增加，石英对溶液中金的吸附量和吸附率也都增加，这表明搅拌转速的增加促进了石英活性的增加；当搅拌转速超过 500 r/min 时，石英对溶液中金的吸附量和吸附率的影响不大。

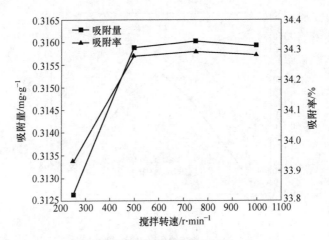

图 3.5   搅拌转速试验结果

3.1.2   研磨试验

3.1.2.1   磨矿细度试验

在矿量为 10 g，矿浆浓度为 28.57%，金溶液质量浓度为120 mg/L 的条件下，考查了石英细度与金溶液中金的吸附关系，试验结果如图 3.6 所示。

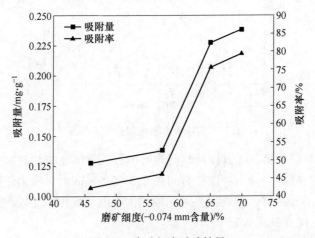

图 3.6   磨矿细度试验结果

由图 3.6 可以看出，石英吸附金溶液中金的吸附量和吸附率与石英的磨矿细度有关，随着磨矿细度的增加，吸附量和吸附率均增加。石英细度为 −0.074 mm 占 57% 以下时，石英吸附金的吸附量和吸附率增加均较慢。石英细度为 −0.074 mm 占 57%~65% 时，石英对金的吸附率和吸附量增幅均较大。石英细度为 −0.074 mm 占 65% 以上时，石英吸附金的吸附量和吸附率增加均变慢。

石英细度试验结果表明,石英的活化作用和其磨矿细度有关。石英粒度较粗时,研磨作用对石英的机械活化作用不明显,因此石英对金的吸附量和吸附率均较低。石英的磨矿细度在中等偏细时,石英的机械活化作用剧增,因此石英对金溶液中金的吸附效果显著增强。石英的细度超过一定值时,研磨作用对石英的活化作用减弱,因此石英对金的吸附效果减弱。

3.1.2.2 金溶液浓度试验

用 1000 μg/mL 的标准金溶液配制质量浓度分别为 90 mg/L、105 mg/L、120 mg/L、135 mg/L 的金溶液。在石英的磨矿细度为 -0.074 mm 占 65%,矿浆浓度为 28.57%,矿量为 10 g 的条件下,考查了金溶液质量浓度对石英吸附溶液中金的影响,结果如图 3.7 所示。

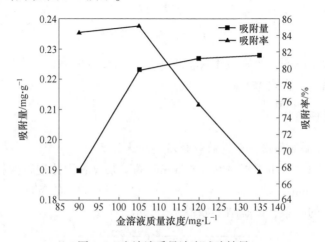

图 3.7 金溶液质量浓度试验结果

由图 3.7 可以看出,石英吸附金溶液中金的吸附量和吸附率与金溶液质量浓度有关。随着金溶液质量浓度的升高,吸附量增量越来越小,即石英对金的吸附接近饱和。而初始金溶液质量浓度增加幅度大于石英对溶液中金的吸附程度,导致石英对溶液中金的吸附率呈降低趋势;初始金溶液质量浓度升高,石英对金溶液中金的吸附量则呈增加趋势。

3.1.2.3 矿浆浓度试验

矿浆浓度是影响选矿工艺的一个重要指标。在石英的磨矿细度为 -0.074 mm 占 65%,初始金溶液的质量浓度为 120 mg/L,矿量为 5 g 的条件下,考查了矿浆浓度对石英吸附溶液中金的影响,试验结果如图 3.8 所示。

由图 3.8 可以看出:矿浆浓度在 16.5%~28.5% 时,随着矿浆浓度的升高石英对溶液中金的吸附量增加;矿浆浓度大于 28.5%,石英对溶液中金的吸附量下降。由此可见,研磨作用下石英对溶液中金的吸附和矿浆浓度有关。在一定矿浆浓度值内,研磨作用可以促进石英对金的吸附;超过一定矿浆浓度值研磨作用对

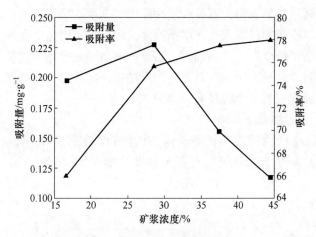

图 3.8　矿浆浓度试验结果

石英的活化效果减弱,吸附量下降。即一定矿浆浓度值内,随着矿浆浓度升高,金的吸附量增加,吸附率升高。

3.1.3　洗脱试验

3.1.3.1　搅拌作用下获得的载金石英的洗脱试验

对搅拌时间试验中搅拌时间为 6.5 min 的矿浆离心固体进行搅拌洗脱。在搅拌转速为 500 r/min,矿量为 3.5 g,矿浆浓度为 18.92% 的条件下,考查了洗脱时间和洗脱率的关系,试验结果如图 3.9 所示。

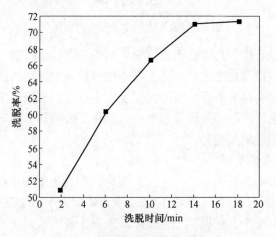

图 3.9　搅拌产品洗脱试验结果

由图 3.9 可以看出,随着洗脱时间的增加,洗脱率升高。当洗脱率达到 71% 时,搅拌时间增加,洗脱率几乎不再变化,这说明金溶液中有 29% 的金与石英发生了强烈的吸附作用，导致这部分金难以洗脱。这也说明搅拌作用下石英对溶液中部分金的吸附作用较强。

3.1.3.2 研磨作用下获得的载金石英的洗脱试验

在金溶液质量浓度试验中，初始金溶液质量浓度为 120 mg/L 的离心固体进行洗脱。在矿浆浓度为 21.09%，搅拌转速为 500 r/min 的条件下，通过改变搅拌时间考查了洗脱时间对已经吸附金的石英的洗脱效果，试验结果如图 3.10 所示。

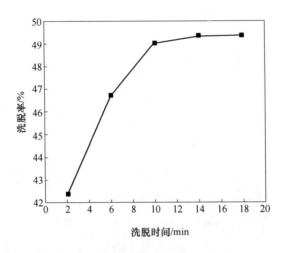

图 3.10 研磨产品的洗脱试验结果

由图 3.10 可以看出，随着洗脱时间的增加，洗脱率增加。当洗脱时间达到 10 min 时，洗脱率为 49.5%，此时增加洗脱时间，洗脱率变化不大。因此，研磨作用下的洗脱试验说明被石英吸附的金有 50.5% 难以洗脱。这说明溶液中的金和石英发生了较强的吸附作用。

3.1.4 加碘与不加碘对比试验

搅拌及研磨作用下，为了考查有效降低石英对溶液中金吸附的最佳条件，本次设置 A、B 两组试验，其中一组（A 组）加入碘浸出剂，另一组（B 组）不加碘浸出剂。在碘浸和非碘浸两种情况下将石英和金溶液混合后分别进行搅拌，然后对矿浆进行固液分离，并利用原子吸收仪测定矿浆上清液中金的浓度。根据上清液中金的浓度来计算石英对溶液中金的吸附量。通过对金的吸附量的对比，探索搅拌及研磨作用下碘浸出剂是否能够有效地降低石英对溶液中金的吸附，以及探索有效降低石英对溶液中金吸附的最佳试验条件，此外探索搅拌或研磨作用下碘浸出剂能否弱化石英对溶液中金的吸附。

3.1.4.1   搅拌作用下的条件对比试验

A   搅拌时间对比试验

在矿浆 pH 值为 5，矿浆浓度为 11.11%，初始金溶液质量浓度为 100 mg/L，矿量为 2 g，石英的细度为 -0.043 mm 占 100%，碘浸出剂的配比为 $m(I_2)$：$m(KI) = 1:6$ ［其中 $m(I_2) = 0.01$ g，$m(KI) = 0.06$ g］，搅拌转速为 500 r/min 的条件下，考查了搅拌时间对石英吸附溶液中金的影响，试验结果如图 3.11 所示。

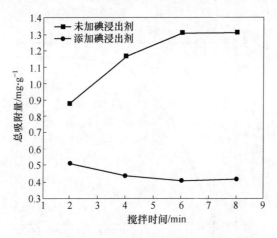

图 3.11   搅拌时间对比试验结果

由图 3.11 可以看出：在未加入碘浸出剂的条件下，随着搅拌时间的增加，石英对溶液中金的吸附量增加，当搅拌时间达到 6 min 时，吸附达到饱和；在加入碘浸出剂的条件下，有效地降低了石英对溶液中金的吸附量，并且随着搅拌时间的增加，石英对溶液中金的吸附量的降低越来越显著。综合考虑，确定弱化石英对溶液中金吸附的适宜搅拌时间为 4 min。

B   金溶液质量浓度对比试验

在矿浆 pH 值约为 5，矿浆浓度为 11.11%，搅拌时间为 4 min，矿量为 2 g，碘浸出剂的配比为 $m(I_2)$：$m(KI) = 1:6$ ［其中 $m(I_2) = 0.01$ g，$m(KI) = 0.06$ g］，石英的细度为 -0.043 mm 占 100%，搅拌转速为 500 r/min 的条件下，考查了初始金溶液质量浓度对石英吸附溶液中金的影响，试验结果如图 3.12 所示。

由图 3.12 可以看出：在未添加碘浸出剂的条件下，随着金溶液质量浓度的升高，石英对溶液中金的吸附量增加；在加入碘浸出剂的条件下，有效地降低了石英对溶液中金的吸附量。在加入碘浸出剂的条件下，金溶液质量浓度在 60 ~ 100 mg/L 时，吸附量增加；金溶液质量浓度在 100 ~ 120 mg/L 时，吸附量下降。综合考虑，确定适宜的金溶液质量浓度为 100 mg/L。

C   矿浆浓度对比试验

在矿浆 pH 值为 5，初始金溶液质量浓度为 100 mg/L，搅拌时间为 4 min，矿

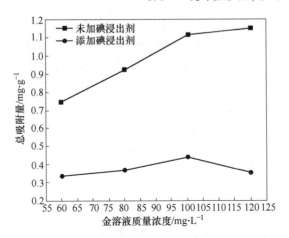

图 3.12 金溶液质量浓度对比试验结果

量为 2 g，石英的细度为−0.043 mm 占 100%，碘浸出剂的配比 $m(I_2):m(KI)=$ 1:6［其中 $m(I_2)=0.01$ g，$m(KI)=0.06$ g］，搅拌转速为 500 r/min 的条件下，考查了矿浆浓度对石英吸附溶液中金的影响，试验结果如图 3.13 所示。

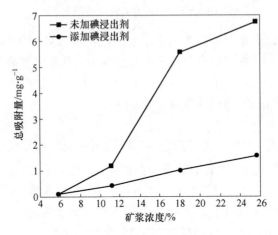

图 3.13 矿浆浓度对比试验结果

由图 3.13 可以看出，当矿浆浓度为 5.88% 时，添加碘浸出剂对吸附量影响不大。因此，矿浆浓度过低时，加入碘浸出剂不能有效抑制石英对溶液中金的吸附。当矿浆浓度在 11.11%~25.58% 时，加入碘浸出剂有效地降低了石英对溶液中金的吸附量。矿浆浓度大于 17.95%，加入碘浸出剂后降低石英对溶液中金吸附量的效果最佳。综合考虑，确定适宜的矿浆浓度为 17.95%。

　　D　KI 用量对比试验

浸出剂的用量是浸出工艺中一项重要的指标。碘浸出剂是由 I_2 和 KI 在水中溶解而配制的，搅拌作用下 KI 的用量会影响石英对溶液中金的吸附效果。因此，在矿浆 pH 值为 5，初始金溶液质量浓度为 100 mg/L，矿量为 2 g，搅拌时间为 4 min，石英的细度为 -0.043 mm 占 100%、矿浆浓度为 17.95% 的条件下，考查了 KI 用量对石英吸附溶液中金的影响，试验中控制 $m(I_2) = 0.01$ g。试验结果如图 3.14 所示。

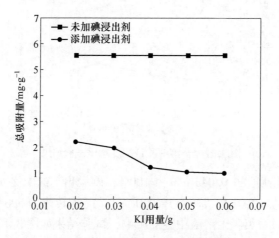

图 3.14　KI 用量对比试验结果

由图 3.14 可以看出，搅拌作用下添加碘浸出剂有效地降低了石英对溶液中金的吸附量。随着 KI 用量的升高，石英对溶液中金的吸附量降低。当 KI 的用量超过 0.04 g 时，石英对溶液中金的吸附量变化不大。综合考虑，确定有效降低石英对溶液中金吸附量的适宜 KI 用量为 0.04 g。

E　I_2 用量对比试验

I_2 是配制碘浸出剂加入的药剂之一，I_2 的用量会影响碘浸出剂的浸出效果，即影响石英对溶液中金的吸附的效果。在矿浆 pH 值为 5，矿量为 2 g，初始金溶液质量浓度为 100 mg/L，搅拌时间为 4 min，石英的细度为 -0.043 mm 占 100%，矿浆浓度为 17.95% 的条件下，考查了 I_2 用量对石英吸附溶液中金的影响，试验中控制 $m(KI) = 0.04$ g。试验结果如图 3.15 所示。

由图 3.15 可以看出，搅拌作用下添加碘浸出剂有效地降低了石英对溶液中金的吸附量。随着 I_2 用量的增加，石英对溶液中金的吸附量降低。当 I_2 的用量超过 0.015 g 时，石英对溶液中金的吸附接近平衡。综合考虑，确定有效降低石英对溶液中金吸附量的适宜的 I_2 用量为 0.015 g。

3.1.4.2　研磨作用下的条件对比试验

A　矿浆浓度对比试验

在矿浆 pH 值约为 5，初始金溶液质量浓度为 150 mg/L，磨矿时间为 8.5 min，矿量为 4 g，碘浸出剂的配比为 $m(I_2) : m(KI) = 1 : 6$［其中 $m(I_2) = 0.01$ g，$m(KI) = 0.06$ g］，石英的细度为 -0.043 mm 占 100% 及搅拌转速为

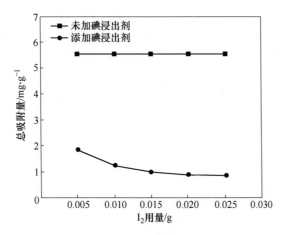

图 3.15 I₂ 用量对比试验结果

500 r/min 的条件下，考查了矿浆浓度对石英吸附溶液中金的影响，试验结果如图 3.16 所示。

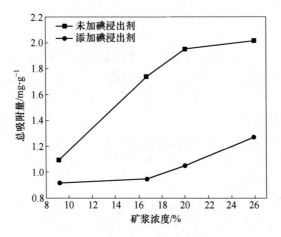

图 3.16 矿浆浓度对比试验结果

由图 3.16 可以看出，当矿浆浓度在 9.88% 时，碘浸出剂对石英吸附金的弱化效果较差。因此，矿浆浓度过低时，加入碘浸出剂不能有效减少石英对溶液中金的吸附。而矿浆浓度在 9.88%~20% 时，随着矿浆浓度的升高，石英对溶液中金的吸附的减少幅度越来越大。当矿浆浓度达到 20% 时，碘浸出剂对石英吸附金的弱化效果最佳。综合考虑，确定有效降低石英对溶液中金吸附量的适宜矿浆浓度为 20%。

B 金溶液质量浓度对比试验

在矿浆 pH 值约为 5，矿浆浓度为 16.67%，矿量为 4 g，研磨时间为 8.5 min，

碘浸出剂的配比为 $m(I_2):m(KI)=1:6$ [其中 $m(I_2)=0.01$ g，$m(KI)=0.06$ g]，石英的细度为 -0.043 mm 占 100% 的条件下，考查了加入碘浸出剂后初始金溶液质量浓度对石英吸附溶液中金的影响，试验结果如图 3.17 所示。

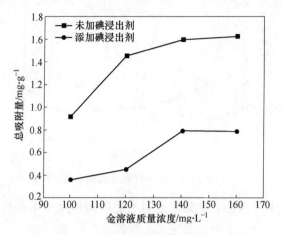

图 3.17   金溶液质量浓度对比试验结果

由图 3.17 可以看出：在未添加碘浸出剂的条件下，随着金溶液质量浓度的升高，石英对溶液中金的吸附量增加，初始金溶液质量浓度超过 140 mg/L 后，石英对溶液中金的吸附达到饱和；加入碘浸出剂，有效地降低了石英对溶液中金的吸附量，且金溶液质量浓度为 120 mg/L 时，碘浸出剂降低石英对溶液中金的吸附量的效果最佳，初始金溶液质量浓度超过 140 mg/L 时，碘浸出剂对石英吸附溶液中金的抑制作用不再变化。综合考虑，确定适宜的金溶液质量浓度为 140 mg/L。

C   磨矿时间对比试验

在矿浆 pH 值为 5，矿浆浓度为 16.67%，矿量为 5 g，初始金溶液质量浓度为 130 mg/L，石英的细度为 -0.043 mm 占 100%，碘浸出剂的配比为 $m(I_2):m(KI)=1:6$ [其中 $m(I_2)=0.01$ g，$m(KI)=0.06$ g] 的条件下，考查了磨矿时间对碘浸出剂抑制石英吸附溶液中金的影响，试验结果如图 3.18 所示。

由图 3.18 可以看出，磨矿时间为 2.5 min 时，加入碘浸出剂条件下的吸附量略小于未加入碘浸出剂条件下的吸附量。因此，当磨矿时间少时，碘浸出剂不能有效抑制石英对溶液中金的吸附。随着磨矿时间的增加，碘浸出剂抑制石英对溶液中金的吸附效果增强。综合考虑，确定有效降低石英对溶液中金吸附量的适宜磨矿时间为 4.5 min。

D   KI 用量对比试验

研磨作用下 KI 的用量会影响石英对溶液中金的吸附。在矿浆 pH 值约为 5，矿浆浓度为 16.67%，矿量为 4 g，初始金溶液质量浓度为 130 mg/L，石英的细度

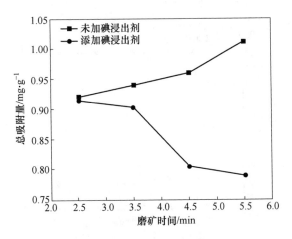

图 3.18 磨矿时间对比试验结果

为-0.043 mm 占 100%，磨矿时间为 4.5 min 的条件下，考查了 KI 用量对石英吸附溶液中金的影响，试验中控制 $m(I_2) = 0.01$ g，试验结果如图 3.19 所示。

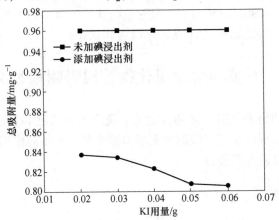

图 3.19 KI 用量对比试验结果

由图 3.19 可以看出，研磨作用下添加碘浸出剂有效地降低了石英对溶液中金的吸附量。随着 KI 用量的升高，石英对溶液中金的吸附量降低。当 KI 的用量超过 0.05 g 后，石英对溶液中金的吸附量几乎不再变化。综合考虑，确定有效降低石英对溶液中金吸附量的适宜的 KI 用量为 0.05 g。

E I_2 用量对比试验

在矿浆 pH 值约为 5，矿浆浓度为 16.67%，矿量为 4 g，初始金溶液质量浓度为 130 mg/L，石英的细度为-0.043 mm 占 100%，磨矿时间为 4.5 min 的条件下，考查了 I_2 用量对石英吸附溶液中金的影响，试验中控制 $m(KI) = 0.015$ g，试验结果如图 3.20 所示。

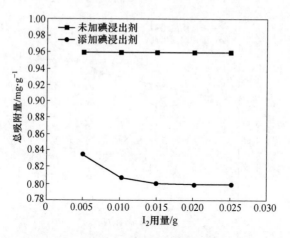

图 3.20   I$_2$ 用量对比试验结果

由图 3.20 可以看出，研磨作用下添加碘浸出剂有效地降低了石英对溶液中金的吸附量。随着 I$_2$ 用量的增加，石英对溶液中金的吸附量降低。当 I$_2$ 的用量超过 0.020 g 后，石英对溶液中金的吸附量的变化不大。综合考虑，确定有效降低石英对溶液中金吸附量的适宜的 I$_2$ 用量为 0.020 g。

3.2   石英与含金氯化物等温吸附模型分析

试验在搅拌和研磨作用下分别确定了平衡金溶液浓度和吸附量之间的关系。通过吸附试验、物理化学等温吸附方程模型拟合确定了不同作用下石英对溶液中金的吸附类型和吸附难易程度。

3.2.1   等温吸附模型

3.2.1.1   Dubinin-Radushkevich 等温吸附方程

利用 Dubinin-Radushkevich 等温吸附模型拟合可以确定石英对溶液中金的吸附类型。Dubinin-Radushkevich 等温吸附方程[64-65] 为

$$\ln q_e = \ln q_m - b\varepsilon^2 \tag{3.1}$$

式中 q_e ——平衡吸附量，mg/g；

q_m ——最大吸附量，mg/g；

b ——与吸附平均自由能相关的常数，mol^2/kJ^2；

ε ——Polanyi 吸附势，$\varepsilon = RT\ln(1 + C_e^{-1})$，其中 $R = 8.314$ J/(mol·K) 为理想气体常数，T 为吸附温度，K，C_e 为吸附平衡时的金溶液的质量浓度，mg/L。

根据常数 b 可以求出平均吸附自由能 E(kJ/mol)，其中 $E = 1/(2b)^{1/2}$。通过

E 的大小可以判断吸附类型：当 $E<8$ kJ/mol 时，属于物理吸附；当 8 kJ/mol$<E<$ 16 kJ/mol 时，属于离子交换吸附；当 $E>16$ kJ/mol 时，属于化学吸附。本试验分析时通过计算 E 的值来确定石英吸附溶液中金的吸附类型。

3.2.1.2　Freundlich 等温吸附方程

根据 Freundlich 等温吸附模型可以确定石英对溶液中金的吸附难易程度。Freundlich 等温吸附方程[66-67]为

$$\ln q_e = \ln K_F + \frac{1}{n}\ln C_e \tag{3.2}$$

式中　q_e——平衡吸附量，mg/g；

　　　C_e——平衡质量浓度，mg/L；

　　　K_F——Freundlich 吸附能力常数，$(mg/g) \cdot (L/mg)^{1/n}$；

　　　n——Freundlich 吸附强度指数，当 $0.1<1/n<0.5$ 时，说明吸附容易发生，当 $1/n>2$ 时则说明吸附难以发生。

3.2.1.3　Langmuir 等温吸附方程

根据 Langmuir 等温吸附模型可以确定吸附反应的难易程度，其等温吸附方程为

$$\frac{C_e}{q_e} = \frac{C_e}{q_m} + \frac{1}{q_m K_L} \tag{3.3}$$

式中　C_e——平衡质量浓度，mg/L；

　　　q_e——平衡吸附量，mg/g；

　　　q_m——最大吸附量，mg/g；

　　　K_L——Langmuir 吸附常数，L/mg。

Langmuir 等温吸附模型定义 $R_L = (1 + K_L C_0)^{-1}$，C_0 为最高溶质初始质量浓度。根据 R_L 的值可以判断吸附性质：当 $R_L=0$ 时，为可逆吸附；当 $0<R_L<1$ 时，为有利吸附；当 $R_L=1$ 时，为不利吸附[68]。

3.2.1.4　Temkin 等温吸附方程

Temkin 等温吸附模型认为，吸附质间的某种作用间接影响着吸附平衡过程，这种作用使得每层分子的吸附热随着覆盖度的增加呈线性降低。Temkin 等温吸附模型只适用于化学吸附[69]，即可根据这种等温吸附模型的拟合效果判断吸附是否为化学吸附。Temkin 等温吸附方程的表达式[70]为

$$q_e = B_T \ln k_T + B_T \ln C_e \tag{3.4}$$

式中　q_e——平衡吸附量，mg/g；

　　　C_e——平衡质量浓度，mg/L；

　　　k_T——Temkin 吸附常数，L/mg。

另外，$B_T = RT/b_T$。其中：T 为绝对温度，K；R 为理想气体常数，$R =$ 8.314 J/(mol·K)；b_T 和吸附热相关。

通过作 q_e-$\ln C_e$ 图，$B_T \ln k_T$ 是直线的截距，B_T 为直线的斜率。根据直线的斜率和截距，通过待定系数法可求出 Temkin 吸附常数 k_T 和 B_T。

3.2.2　搅拌作用下的等温吸附模型拟合

将标准金溶液（质量浓度为 1000 μg/mL）稀释成质量浓度为 130~200 mg/L 的金溶液，其中初始金溶液质量浓度的间隔为 10 mg/L。在石英的细度为 −0.074 mm 占 100%，矿浆浓度为 10%，矿量为 2 g，搅拌时间为 12.5 min，搅拌转速为 500 r/min 的条件下进行的等温吸附试验，确定了平衡吸附量 q_e 与平衡时金溶液质量浓度 C_e 的关系。等温吸附试验结果如图 3.21 所示。

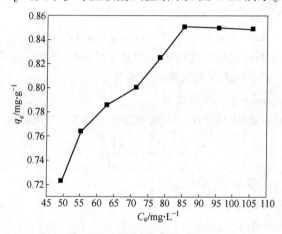

图 3.21　搅拌作用下 C_e-q_e 关系

由图 3.21 可以看出，随着金溶液平衡质量浓度的升高，石英对溶液中金的吸附量增加。当金溶液平衡质量浓度超过 85 mg/L 后，吸附量变化不大，说明石英对溶液中金的吸附已达到饱和。

3.2.2.1　Dubinin-Radushkevich 等温吸附模型拟合

由图 3.21 金溶液平衡质量浓度和平衡吸附量之间的关系作出 $\ln q_e$-ε^2 拟合曲线，如图 3.22 所示。

由图 3.22 可以看出，$R^2 = 0.9903$，能够较好地描述石英对溶液中金的吸附。通过拟合方程可以求出最大吸附量 q_m 和与吸附平均自由能相关的常数 b，而通过 b 的值又可以计算出平均吸附自由能 E，计算结果见表 3.1。

由表 3.1 可知，$E = 2.3089$ kJ/mol<8 kJ/mol，所以搅拌作用下，石英对金溶液中金的吸附类型是物理吸附。

3.2.2.2　Freundlich 等温吸附模型拟合

由图 3.21 平衡质量浓度和平衡吸附量之间的关系作出 $\ln C_e$-$\ln q_e$ 拟合曲线，如图 3.23 所示。

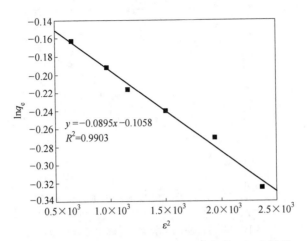

图 3.22 Dubinin-Radushkevich 等温吸附模型拟合结果

表 3.1 Dubinin-Radushkevich 等温吸附模型参数值

$q_m/\mathrm{mg \cdot g^{-1}}$	$b/\mathrm{mol^2 \cdot kJ^{-2}}$	$E/\mathrm{kJ \cdot mol^{-1}}$	R^2
0.9065	0.0938	2.3089	0.9903

由图 3.23 可以看出，$R^2 = 0.9676 < 0.99$，所以 Freundlich 等温吸附模型不能够较好地描述石英对溶液中金的吸附。

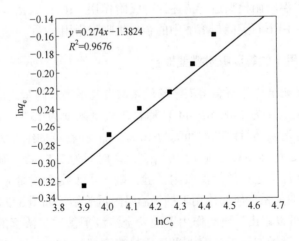

图 3.23 Freundlich 等温吸附模型拟合结果

3.2.2.3 Langmuir 等温吸附模型拟合

Langmuir 等温吸附模型需假设吸附为单分子层吸附。以 C_e/q_e 对 C_e 作图，拟合结果如图 3.24 所示。

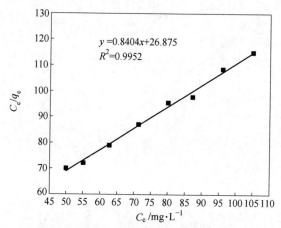

图 3.24　Langmuir 等温吸附模型拟合结果

由图 3.24 可以看出，$R^2 = 0.9952$，因此 Langmuir 等温吸附模型能够较好地描述石英对溶液中金的吸附。根据 Langmuir 等温吸附模型拟合方程，采用待定系数法求出参数 q_m 和 K_L，详见表 3.2。

表 3.2　Langmuir 等温吸附模型参数值

$K_L/L \cdot mg^{-1}$	q_m	R_L	R^2
0.055	1.010	0.083	0.9952

Langmuir 等温吸附模型适合描述这种吸附作用。由于 $0 < R_L = 0.083 < 1$，因此可以证明搅拌作用下石英能与溶液中的金发生吸附作用。

3.2.3　研磨作用下的等温吸附模型拟合

试验确定了研磨作用下金溶液平衡质量浓度与平衡吸附量之间的关系。将标准金溶液（质量浓度为 1000 μg/mL）稀释成质量浓度为 130~200 mg/L 的金溶液，其中初始金溶液质量浓度的间隔为 10 mg/L。在石英的细度为 −0.037 mm 占 100%，矿浆浓度为 16.67%，矿量为 4 g，磨矿时间为 8.5 min，研磨转速为研磨机固有转速的条件下进行的等温吸附试验，确定了平衡吸附量 q_e 与平衡时金溶液质量浓度 C_e 的关系。研磨作用下的等温吸附试验结果如图 3.25 所示。

由图 3.25 可以看出，研磨作用下随着金溶液平衡质量浓度的升高，石英对溶液中金的吸附量增加。当金溶液平衡质量浓度超过 122 mg/L 后，吸附量变化不大，说明石英对溶液中金的吸附达到了饱和。

3.2.3.1　Dubinin-Radushkevich 等温吸附模型拟合

由图 3.25 金溶液平衡质量浓度和平衡吸附量之间的关系作出 $\ln q_e$-ε^2 拟合曲线，如图 3.26 所示。

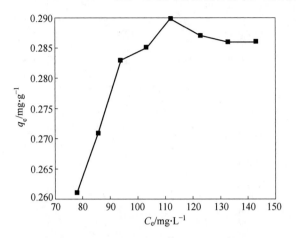

图 3.25 研磨作用下的等温吸附试验结果

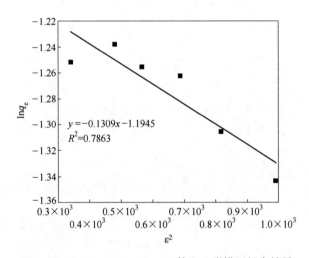

图 3.26 Dubinin-Radushkevich 等温吸附模型拟合结果

由图 3.26 可以看出，$R^2 = 0.7863 < 0.99$，所以 Dubinin-Radushkevich 等温吸附模型不适合描述研磨作用下石英对溶液中金的吸附。

3.2.3.2 Freundlich 等温吸附模型拟合

由图 3.25 平衡质量浓度和平衡吸附量之间的关系作出 $\ln C_e$-$\ln q_e$ 拟合曲线，如图 3.27 所示。

由图 3.27 可以看出，$R^2 = 0.8193 < 0.99$，因此 Freundlich 等温吸附模型不适合描述研磨作用下石英对溶液中金的吸附。

3.2.3.3 Langmuir 等温吸附模型拟合

Langmuir 等温吸附模型需假设吸附为单分子层吸附。以 C_e/q_e 对 C_e 作图，拟合结果如图 3.28 所示。

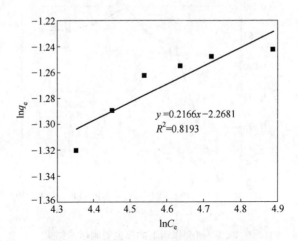

图 3.27　Freundlich 等温吸附模型拟合结果

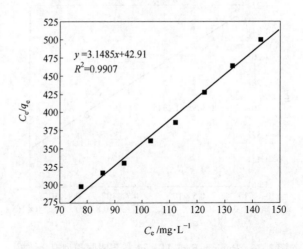

图 3.28　研磨作用下 Langmuir 等温吸附模型拟合结果

　　由图 3.28 可以看出，$R^2 = 0.9907$，因此研磨作用下 Langmuir 等温吸附模型能够较好地描述石英对溶液中金的吸附。根据 Langmuir 等温吸附模型拟合方程可以求出参数 q_m 和 K_L。Langmuir 等温吸附模型各参数见表 3.3。

　　由表 3.3 可知，$0 < R_L < 1$，因此可以证明研磨作用下石英能与溶液中的金发生吸附作用。

3.2.3.4　Temkin 等温吸附模型拟合

　　Temkin 等温吸附模型适用于描述化学吸附[71-72]，即可根据拟合效果判断吸附是否为化学吸附。以 q_e-$\ln C_e$ 作图，得出 Temkin 等温吸附模型，如图 3.29 所示。

表 3.3　Langmuir 等温吸附模型参数值

$K_L/L \cdot mg^{-1}$	q_m	R_L	R^2
0.0734	0.3176	0.0638	0.9907

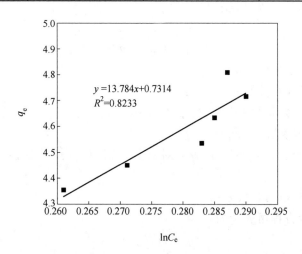

图 3.29　Temkin 等温吸附模型拟合结果

由图 3.29 可以看出，$R^2 = 0.8233 < 0.99$，即 Temkin 不适合描述研磨作用下石英对溶液中金的吸附，这说明研磨作用下石英对溶液中金的吸附不是单纯的化学吸附，可能是单一的物理吸附，还可能同时伴随物理和化学两种吸附作用。

3.3　石英与含金氯化物的吸附动力学分析

本次试验通过准一级动力学方程、准二级动力学方程及 Weber-Morris 颗粒内部扩散方程对石英与金的吸附进行拟合[73-75]。通过比较 3 种动力学方程的拟合结果确定了石英吸附溶液中金的吸附模型。

3.3.1　吸附动力学模型

3.3.1.1　准一级动力学方程
准一级动力学方程式可表示为

$$\ln(q_e - q_t) = \ln q_e - k_1 t \tag{3.5}$$

式中　t——反应时间，min；

q_e——平衡吸附量，mg/g；

q_t——t 时刻的吸附量，mg/g；

k_1——准一级吸附速率常数，min^{-1}。

根据准一级动力学方程，以 $\ln(q_e-q_t)$ 对 t 进行线性拟合，再采用待定系数法即可求出 k_1 和 q_e。

3.3.1.2 准二级动力学方程

准二级动力学方程可表示为

$$\frac{t}{q_t} = \frac{1}{k_2 q_e^2} + \frac{t}{q_e} \tag{3.6}$$

式中 t——反应时间，min；

$\quad q_t$——t 时刻的吸附量，mg/g；

$\quad k_2$——准二级吸附速率常数，g/(mg·min)；

$\quad q_e$——平衡吸附量，mg/g。

根据准二级动力学方程，以 t/q_t 对 t 进行线性拟合，再采用待定系数法即可求出 k_2 和 q_e。

3.3.1.3 颗粒内扩散方程

颗粒内扩散方程可表示为

$$q_t = kt^{1/2} + C \tag{3.7}$$

式中 t——反应时间，min；

$\quad k$——颗粒内扩散速率常数，mg/(g·min$^{1/2}$)；

$\quad C$——边界层厚度，mm。

根据颗粒内扩散方程，以 q_t 对 $t^{1/2}$ 进行线性拟合，再采用待定系数法即可求出 k 和 C。

3.3.2 搅拌作用下的吸附动力学拟合模型

在磨矿细度为-0.074 mm 占 100%，矿量为 3.5 g，矿浆浓度为 14%，搅拌转速为 500 r/min，金溶液质量浓度为 150 mg/L 的条件下，考查了搅拌时间 t 与吸附量 q_t 的关系，即 q_t-t 的关系，试验结果如图 3.30 所示。

由图 3.30 可知，搅拌时间达到 12.5 min 时吸附达到平衡，此时的吸附量为 0.865 mg/g；搅拌时间为 14.5 min 时的吸附量为 0.862 mg/g。所以用这两个时刻吸附量的平均值代替平衡吸附量，即

$$q_e = \frac{0.862 + 0.865}{2} = 0.8635(\text{mg/g}) \tag{3.8}$$

根据吸附动力学方程，分别以 $\ln(q_e-q_t)$ 对 t 作图、t/q_t 对 t 作图、q_t 对 $t^{1/2}$ 作图，得出 3 种动力学模型拟合结果。准一级动力学模型拟合结果如图 3.31 所示，准二级动力学模型拟合结果如图 3.32 所示，颗粒内扩散模型拟合结果如图 3.33 所示。

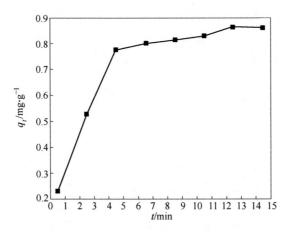

图 3.30 搅拌作用下 q_t-t 关系图

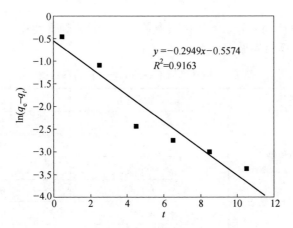

图 3.31 准一级动力学模型拟合结果

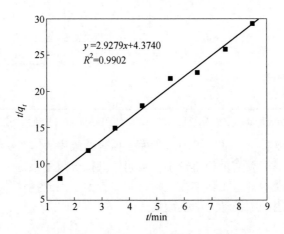

图 3.32 准二级动力学模型拟合结果

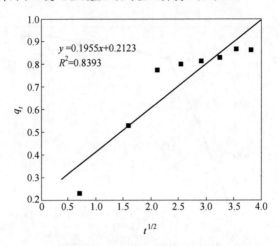

图 3.33　颗粒内扩散模型拟合结果

　　根据图 3.31~图 3.33，采用待定系数法分别计算搅拌作用下各动力学方程的相应参数值，计算结果见表 3.4。

表 3.4　搅拌作用下各动力学方程的参数值

动力学模型	参数及参数单位	参数值
准一级动力学模型	$q_e/\text{mg} \cdot \text{g}^{-1}$	0.8635
	$q_{e1}/\text{mg} \cdot \text{g}^{-1}$	0.5730
	k_1/min^{-1}	0.2949
	R^2	0.9163
准二级动力学模型	$q_e/\text{mg} \cdot \text{g}^{-1}$	0.8635
	$q_{e2}/\text{mg} \cdot \text{g}^{-1}$	0.9667
	$k_2/\text{g} \cdot (\text{mg} \cdot \text{min})^{-1}$	0.6489
	R^2	0.9902
颗粒内扩散模型	$k/\text{g} \cdot \text{mg}^{-1} \cdot \text{min}^{-1/2}$	0.1955
	C/mm	2.2123
	R^2	0.8393

　　注：q_e 为实际平衡吸附量；q_{e1} 和 q_{e2} 分别为准一级动力学模型和准二级动力学模型的理论平衡吸附量。

　　由表 3.4 可以看出：准二级动力学模型拟合结果中 $R^2 = 0.9902$，并且理论平衡吸附量与实际平衡吸附量相差较小，吸附模型拟合效果最好；而准一级动力学模型的理论平衡吸附量与实际平衡吸附量相差较大。因此搅拌作用下石英对溶液中金的吸附适合用准二级动力学模型描述。

3.3.3 研磨作用下的吸附动力学拟合模型

在研磨条件下，确定了磨矿时间 $t(\min)$ 与吸附量的关系，即 q_t-t 关系。试验条件：矿样粒度为 -0.037 mm，矿量为 4 g，矿浆浓度为 16.67%，搅拌转速为研磨机的固有转速，金溶液质量浓度为 130 mg/L。研磨条件下的 q_t-t 关系如图 3.34 所示。

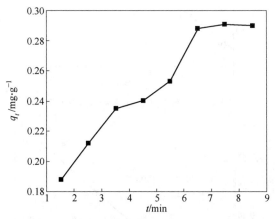

图 3.34 研磨条件下的 q_t-t 关系

由图 3.34 可以看出，研磨时间超过 6.5 min 后，石英对溶液中金的吸附达到饱和，此时 $q_e = 0.2910$ mg/g。根据吸附动力学方程，分别以 $\ln(q_e-q_t)$ 对 t 作图、t/q_t 对 t 作图、q_t 对 $t^{1/2}$ 作图，得出 3 种动力学模型拟合结果。图 3.35 为准一级动力学模型拟合结果，图 3.36 为准二级动力学模型拟合结果，图 3.37 为颗粒内扩散模型拟合结果。

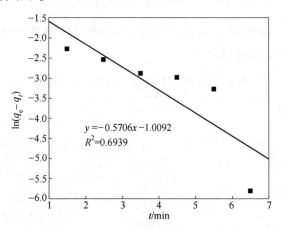

图 3.35 准一级动力学模型拟合结果

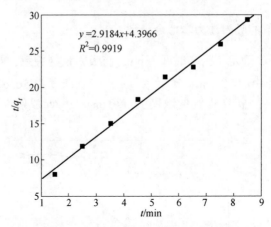

图 3.36　准二级动力学模型拟合结果

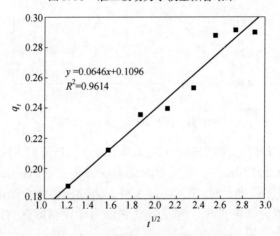

图 3.37　颗粒内扩散模型拟合结果

　　根据图 3.35~图 3.37，采用待定系数法分别计算研磨作用下各动力学方程的相应参数值，计算结果见表 3.5。

表 3.5　研磨作用下各动力学方程的参数值

动力学模型	参数及参数单位	参数值
准一级动力学模型	$q_e/\mathrm{mg} \cdot \mathrm{g}^{-1}$	0.2910
	$q_{e1}/\mathrm{mg} \cdot \mathrm{g}^{-1}$	0.3645
	k_1/min^{-1}	0.5706
	R^2	0.6939
准二级动力学模型	$q_e/\mathrm{mg} \cdot \mathrm{g}^{-1}$	0.2910
	$q_{e2}/\mathrm{mg} \cdot \mathrm{g}^{-1}$	0.3426
	$k_2/\mathrm{g} \cdot (\mathrm{mg} \cdot \mathrm{min})^{-1}$	1.9367
	R^2	0.9919

动力学模型	参数及参数单位	参数值
	$k/\mathrm{g} \cdot \mathrm{mg}^{-1} \cdot \mathrm{min}^{-1/2}$	0.0646
颗粒内扩散模型	C/mm	0.1096
	R^2	0.9614

注：q_e 为实际平衡吸附量；q_{e1} 和 q_{e2} 分别为准一级动力学模型和准二级动力学模型的理论平衡吸附量。

由表 3.5 可以看出：准二级动力学模型拟合结果中 $R^2 = 0.9919 > 0.99$，颗粒内扩散模型拟合结果中 $R^2 = 0.9614 < 0.99$，准一级动力学模型拟合结果中 $R^2 = 0.6939 < 0.99$；准二级动力学模型拟合的实际平衡吸附量和理论平衡吸附量更接近。所以，准二级动力学模型能够较好地描述研磨作用下石英与溶液中金的吸附关系[66-68]。

3.4　石英晶体的电子结构及与其氯化金作用的量子力学模拟

3.4.1　石英晶体的电子结构模拟

采用软件 Materials Studio 中的 CASTEP 模块，对石英和高岭石的晶格结构进行优化，即对密度泛函、截断能、K 点这 3 个主要参数进行收敛性测试，找到最佳石英晶体几何结构，并对石英和高岭石矿物的能带结构、电子态密度、Mulliken 布居进行分析。

3.4.1.1　石英晶体的收敛性测试

使用 Materials Studio 中的 CASTEP 模块，计算石英的能带结构、电子态密度、Mulliken 布居和前线轨道。

本节从对石英的原胞模型进行优化处理开始，以选取最佳的交换关联泛函、K 点和平面波截断能。石英的原胞模型如图 3.38 所示。

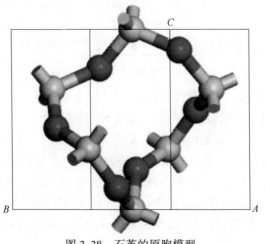

图 3.38　石英的原胞模型

　　初定截断能为 340 eV，K 点为 3×3×4，计算石英晶体不同交换关联泛函，结果见表 3.6。

　　由表 3.6 可知，交换关联泛函为 GGA-PBESOL 时晶格常数误差最小，为 2.490%，所以计算时采用此交换关联泛函。

　　石英的不同 K 点和截断能的收敛性测试结果如图 3.39 和图 3.40 所示。

表 3.6　不同交换关联泛函的优化结果

矿物	函数	A/nm	B/nm	C/nm	误差/%
	试验值	0.491	0.491	0.540	
	GGA-PBE	0.508	0.508	0.556	3.480
	GGA-RPBE	0.510	0.510	0.559	3.770
石英	GGA-PW91	0.507	0.507	0.555	3.260
	GGA-WC	0.505	0.505	0.553	2.910
	GGA-PBESOL	0.503	0.503	0.552	2.490

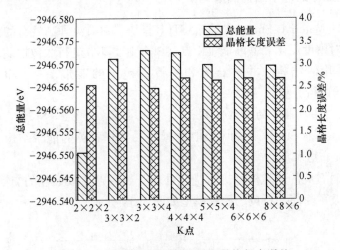

图 3.39　石英的不同 K 点能量和晶格长度误差

　　在交换关联泛函为 GGA-PBESOL 的条件下，对 K 点进行收敛性测试。由图 3.39 可知，当布里渊区 K 点选择 3×3×4 时，体系总能量最小，此时晶格长度误差也最小，并且最接近试验值。综合考虑，K 点选择 3×3×4。

　　在交换关联泛函为 GGA-PBESOL，K 点为 3×3×4 的条件下，进行截断能的收敛性测试计算。由图 3.40 可知，随着截断能的增加，体系的总能量呈不断下降的趋势，当截断能超过 420 eV 后，体系的总能量基本保持稳定，晶格参数变化也趋于稳定。考虑计算效率的前提下，确定最佳的截断能为 440 eV。

　　综上所述，石英结构优化所选择的最佳交换关联泛函为 GGA-PBESOL，最佳

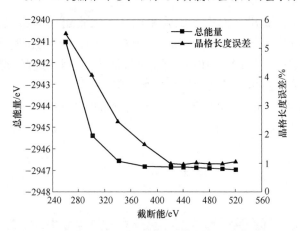

图 3.40 石英的不同截断能的能量和晶格长度误差

K 点为 3×3×4,最佳截断能为 440 eV。计算结果表明,体系总能量为−2946.835 eV,晶格参数与试验误差为 0.96%。计算结果与试验结果的误差较小,表明计算所采用的方法及选取的参数是可靠的。

优化后的石英的原胞体积参数与试验结果的对比见表 3.7。

表 3.7 石英试验结果与计算优化对比表

参数	试验值/nm	优化值/nm	差值/%
A	0.491	0.496	0.96
C	0.540	0.545	0.94
Si—O 键长	0.160~0.162	0.1617~0.1621	0.37~1.06
Si—O—Si 键长	14.370	14.440	0.49

根据文献 [76],证明这个计算优化后的晶格参数数据较好。由于赝势的使用,采用交换关联泛函 GGA-PBESOL 计算,导致优化后的晶格参数 A 和 C 分别高于试验值约 0.96% 和 0.94%。模拟和试验 XRD 光谱对比如图 3.41 所示。

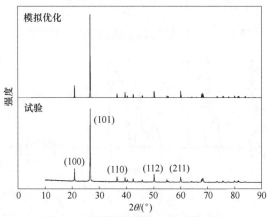

图 3.41 模拟和试验 XRD 光谱对比

由图 3.41 可以看出，模拟和试验相比较，试验建立的参数是有效合理的。此外在试验 XRD 中，石英（101）面和（100）面有主导地位解离面的平衡形态的石英晶体，实际上，石英（101）面能量最低[77]，因此选择石英（101）面。

3.4.1.2 石英晶体能带结构及态密度分析

石英的能带结构如图 3.42 所示，其态密度如图 3.43 所示。

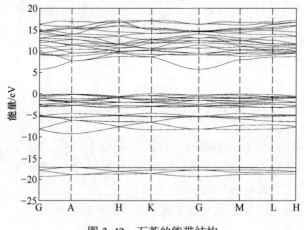

图 3.42　石英的能带结构

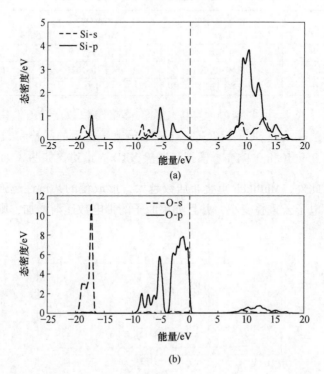

(a)

(b)

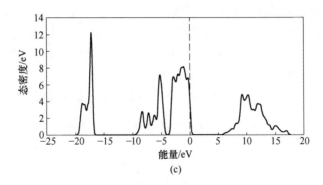

(c)

图 3.43　石英的态密度

(a) 硅原子；(b) 氧原子；(c) SiO₂

　　取费米能级为能量零点。由图 3.42 可以得到石英的禁带宽度为 5.725 eV。半导体的禁带宽度一般在 2 eV 以下，绝缘体的禁带宽度则更大，因而计算结果表明石英属于绝缘体。

　　由图 3.43 可以看出石英的能带分为 3 部分：氧原子的 s 轨道主要贡献-20~-15 eV 之间的价带；氧原子的 p 轨道与硅原子的 p 轨道共同贡献-10~2.5 eV 之间的价带，其中贡献最多的是氧原子的 p 轨道；硅原子的 s 轨道和 p 轨道主要贡献导带能级。费米能级处的价带主要由氧原子的 p 轨道贡献。因此，在吸附时石英与 $Au(S_2O_3)_2^{3-}$ 的作用，主要是氧原子的 p 轨道发生作用。

3.4.1.3　石英晶体的 Mulliken 布居分析

　　Mulliken 布居分析可以模拟系统的电荷、转移和键形成性质。Mulliken 重叠布居在模拟过程中对基组较敏感，在模拟的过程中，应将参数和基组条件保持一致，键的强弱可以通过重叠布居数的相对大小来表示。当重叠布居数为负数（电子云重叠较少）时，表明为反键状态；若为正（两个原子间电子云有重叠），则表明为成键状态；若接近于零（两原子的电子云没有明显的相互作用），则表明为非键状态。此外，Mulliken 重叠布居数越大，形成键的共价性越强。当重叠布居数较小时，电子云重叠变小，并且如果原子的带电数逐渐增加，则键表现出离子性。

　　石英的 O、Si 原子在优化前的价电子构型分别为 $2s^2 2p^4$ 和 $3s^2 3p^2$，优化后的原子布居见表 3.8。

表 3.8　石英晶体的 Mulliken 布居分析

矿物	原子	s 轨道电子数/e	p 轨道电子数/e	总电子数/e	电荷数/e
石英	O	1.83	5.34	7.17	-1.17
	Si	0.57	1.09	1.66	2.34

由表 3.8 可知石英优化后的电子构型为：氧 $2s^{1.83}2p^{5.34}$，硅 $3s^{0.57}3p^{1.09}$。硅原子是电子供体，硅原子的 s 轨道和 p 轨道均失去电子，并且位于硅原子中的总电子数是 1.66 e，失去了 2.34 e，硅原子所带电荷数为+2.34 e。氧原子是电子受体，氧原子的 s 轨道失去电子，但是 p 轨道得到的电子数远高于 s 轨道失去的电子数。氧原子所带电荷数为-1.17 e，说明氧原子的 p 轨道为最活跃的轨道。

3.4.2 石英（101）面与金的氯化物溶液作用的计算分析

3.4.2.1 石英（101）面的最佳表面层计算

设定截断能为 440 eV，K 点为 2×3×1，获得一个准确的石英表面层。层的深度为 0.254~1.940 nm，真空层厚度为 1.0~2.0 nm。

对于一个具有很高表面能的面，预计有一个大的增长率表面，并且这个快速增长的表面不能表达生成的晶体结构[78]。初定真空层厚度为 2 nm，测试石英（101）面的原子层厚度，并计算表面能，结果见表 3.9。

表 3.9 不同原子层厚度下的表面能

原子层厚度/nm	0.254	0.591	0.928	1.265	1.603	1.940
表面能/J · m^{-2}	1.029	1.288	1.315	1.322	1.326	1.327

表 3.9 给出了在不同的原子层厚度下石英（101）面的表面能的变化情况。由表 3.9 可以看出，当原子层厚度超过 0.591 nm 后，石英表面能的变化范围小于 0.05 J/m^2，表明此时已达到稳定状态。因此后续计算选择原子层厚度为 1.265 nm。确定原子层厚度后对石英（101）面进行真空层厚度测试，并计算表面能，结果见表 3.10。

表 3.10 不同真空层厚度下的表面能

真空层厚度/nm	1.0	1.2	1.4	1.6	1.8	2.0
表面能/J · m^{-2}	1.308	1.315	1.317	1.318	1.321	1.322

表 3.10 给出了在不同的真空层厚度下石英（101）面的表面能的变化情况。由表 3.10 可以看出，当真空层厚度超过 1.0 nm 后，真空层厚度的变化对表面能的影响不大，说明此时的石英表面已经达到稳定状态。综合考虑，确定真空层厚度为 1.6 nm。石英（101）面弛豫前后的原胞模型如图 3.44 所示。

3.4.2.2 石英（101）面对金的氯化物的吸附作用

优化后的 $AuCl_4^-$、$AuCl_3(OH)^-$、$AuCl_2(OH)_2^-$、$AuCl(OH)_3^-$、$Au(OH)_4^-$ 在石英表面的几何吸附结构如图 3.45 所示，计算的相关吸附能见表 3.11。

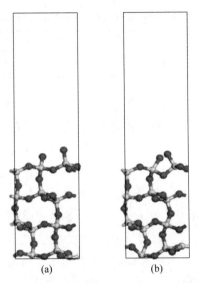

图 3.44 石英（101）面弛豫前后的原胞模型

(a) 弛豫前；(b) 弛豫后

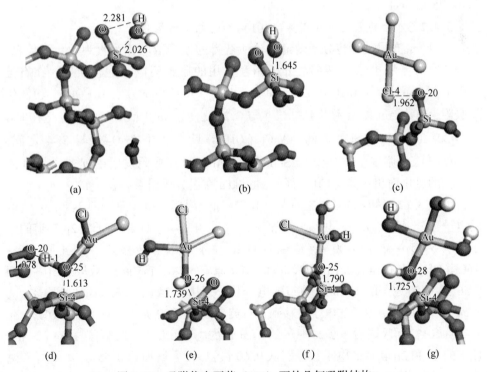

图 3.45 吸附物在石英（101）面的几何吸附结构

(a) 水分子；(b) 氢氧根离子；(c) $AuCl_4^-$；(d) $AuCl_3(OH)^-$；(e) $AuCl_2(OH)_2^-$；

(f) $AuCl(OH)_3^-$；(g) $Au(OH)_4^-$

表 3.11 吸附物在石英（101）面的吸附能

吸附物	H_2O	OH^-	$AuCl_4^-$	$AuCl_3(OH)^-$	$AuCl_2(OH)_2^-$	$AuCl(OH)_3^-$	$Au(OH)_4^-$
吸附能/kJ·mol^{-1}	-13.87	-242.48	-70.77	-98.60	-123.93	-71.05	-126.03

由图 3.45 和表 3.11 可知：$AuCl_4^-$、$AuCl_3(OH)^-$、$AuCl_2(OH)_2^-$、$AuCl(OH)_3^-$、$Au(OH)_4^-$ 在石英（101）面的吸附能分别为 -70.77 kJ/mol、-98.60 kJ/mol、-123.93 kJ/mol、-71.05 kJ/mol、-126.03 kJ/mol，$AuCl_4^-$、$AuCl_3(OH)^-$、$AuCl_2(OH)_2^-$、$AuCl(OH)_3^-$、$Au(OH)_4^-$ 与石英（101）面的距离 Cl-4—O-20 为 0.196 nm、H-1—O-20 为 0.108 nm、O-25—Si-4 为 0.161 nm、O-26—Si-4 为 0.174 nm、O-25—Si-4 为 0.179 nm、O-28—Si-4 为 0.173 nm，这表明 $AuCl_4^-$、$AuCl_3(OH)^-$、$AuCl_2(OH)_2^-$、$AuCl(OH)_3^-$、$Au(OH)_4^-$ 在石英表面都能自然地吸附；水分子的吸附能是 -13.87 kJ/mol，这表明水分子能吸附在石英表面并且在石英（101）面形成水化膜；当 1 个 OH^- 到达石英表面，氧原子结合 1 个硅原子使石英（101）面羟基化，并且相应的 Si—O 键的键长为 0.165 nm 时，吸附能为 -242.48 kJ/mol。

3.4.2.3 金的氯化物在石英（101）面的电子结构分析

Mulliken 布居分析将分子轨道理论所获得的波函数转化为直观的化学信息，从而研究分子中电子的转移，分析相互作用的原子间电子的转换等。在石英（101）面 $AuCl_4^-$、$AuCl_3(OH)^-$、$AuCl_2(OH)_2^-$、$AuCl(OH)_3^-$、$Au(OH)_4^-$ 均发生了吸附，其中 $AuCl_4^-$ 吸附发生在 Cl-4 与 O-20 之间，$AuCl_3(OH)^-$ 吸附发生在 H-1 与 O-20 和 O-25 与 Si-4 之间，$AuCl_2(OH)_2^-$ 吸附发生在 O-26 与 Si-4 之间，$AuCl(OH)_3^-$ 吸附发生在 O-25 与 Si-4 之间，$Au(OH)_4^-$ 吸附发生在 O-28 与 Si-4 之间。金的氯化物在石英（101）面的 Mulliken 布居分析结果见表 3.12。

由表 3.12 可知：$AuCl_4^-$ 在石英（101）面吸附后，Cl-4 原子的 3s 和 3p 轨道的电子数分别从 1.75 e、4.13 e 增加到 1.97 e、4.64 e，O-20 原子的 2p 轨道的电子数从 5.15 e 减至 5.00 e，这说明 O-20 原子的电子转移到了 Cl-4 原子上；$AuCl_3(OH)^-$ 在石英（101）面吸附后，H-1 原子的 1s 轨道的电子数从 0.61 e 减至 0.56 e，O-20 原子的 2s 和 2p 轨道的电子数分别从 1.84 e、4.53 e 增加到 1.87 e、4.54 e，说明 H-1 原子的电子转移到了石英表面的 O-20 原子上；$AuCl_2(OH)_2^-$ 在石英（101）面吸附后，O-26 原子的 2s 轨道的电子数从 1.88 e 减至 1.84 e，Si-4 原子的 2s 和 2p 轨道的电子数分别从 0.60 e、1.11 e 增加到 0.65 e、1.19 e，说明 O-26 原子的电子转移到了石英表面的 Si-4 原子上；$AuCl(OH)_3^-$ 在石英（101）面吸附后，O-25 原子的 2s 轨道的电子数从 1.85 e 减至 1.84 e，Si-4 原子的 2s 和 2p 轨道的电子数分别从 0.58 e、1.07 e 增加到 0.67 e、1.21 e，说明 O-25 原子的电子转移到了石英表面的 Si-4 原子上；$Au(OH)_4^-$ 在石英（101）面吸附后，O-28 原子的 2s 轨道的电子数从 1.89 e 减至 1.83 e，Si-4 原子的 2s 和 2p 轨道的电子数分别从 0.60 e、1.11 e 增加到 0.66 e、1.20 e，说明 O-28 原子的电子转移到了石英表面的 Si-4 原子上。

表 3.12 吸附物在石英（101）面的 Mulliken 布居分析结果

吸附物	原子	状态	s 轨道电子数/e	p 轨道电子数/e	总电子数/e	电荷数/e
$AuCl_4^-$	Cl-4	吸附前	1.75	4.13	5.88	1.12
		吸附后	1.97	4.64	6.61	0.39
	O-20	吸附前	1.92	5.15	7.06	−1.06
		吸附后	1.92	5.00	6.92	−0.92
$AuCl_3(OH)^-$	H-1	吸附前	0.61	0	0.61	0.39
		吸附后	0.56	0	0.56	0.44
	O-20	吸附前	1.84	4.53	6.36	−0.36
		吸附后	1.87	4.54	6.41	−0.41
$AuCl_2(OH)_2^-$	O-26	吸附前	1.88	4.72	6.59	−0.59
		吸附后	1.84	5.12	5.95	−0.95
	Si-4	吸附前	0.60	1.11	1.72	2.28
		吸附后	0.65	1.19	1.84	2.16
$AuCl(OH)_3^-$	O-25	吸附前	1.85	4.82	6.67	−0.67
		吸附后	1.84	5.04	6.89	−0.89
	Si-4	吸附前	0.58	1.07	1.65	2.35
		吸附后	0.67	1.21	1.88	2.12
$Au(OH)_4^-$	O-28	吸附前	1.89	4.80	6.69	−0.69
		吸附后	1.83	5.05	6.88	−0.88
	Si-4	吸附前	0.60	1.11	1.70	2.30
		吸附后	0.66	1.20	1.86	2.14

3.5 磨矿方式对石英及硅酸盐矿物与金和氯化金相互作用的影响

对石英、长石、云母和高岭石纯矿物与金粉及金的盐酸盐溶液作用前后的样品进行红外光谱分析，以判断石英及硅酸盐矿物是否与金发生了吸附作用及其作用方式。

采用球磨磨矿方式，在石英、长石、云母和高岭石原料粒度为−2 mm，磨矿

细度为 -0.074 mm 分别占 94%、90%、92.5%、89.5%，矿浆浓度分别为 44.44%、44.44%、33.33%、33.33%，金粉用量分别为 0.075 mg/g、0.075 mg/g、0.12 mg/g、0.12 mg/g，金溶液质量浓度均为 60 mg/L 的条件下，测得的石英、长石、云母和高岭石及其与金粉和金溶液作用后的红外光谱如图 3.46 所示。

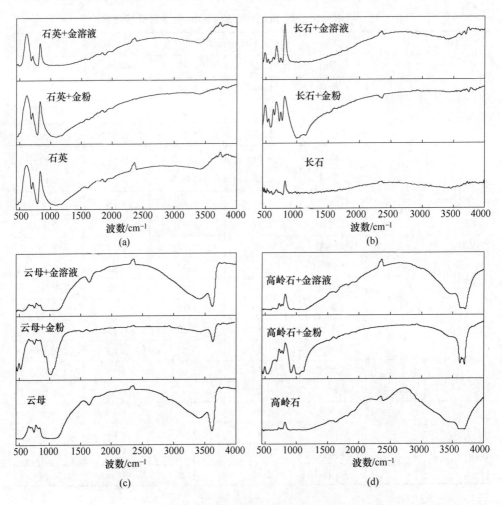

图 3.46　球磨磨矿下样品的红外光谱

(a) 石英及其与金粉和金溶液；(b) 长石及其与金粉和金溶液；
(c) 云母及其与金粉和金溶液；(d) 高岭石及其与金粉和金溶液

由图 3.46 (a) 可知：在石英的红外光谱中，在 1080.54 cm⁻¹ 处的峰为 Si—O 键的反对称伸缩振动峰，790.13 cm⁻¹ 处的峰为 Si—O 键的对称伸缩振动峰，690.82 cm⁻¹ 处的峰为氧四面体聚合结构，464.31 cm⁻¹ 处的峰为 Si—O 键的弯曲振动峰；在石英与金粉及金溶液作用的红外光谱中，石英与金粉、石英与金溶液共同球磨后，峰位几乎没发生变化，说明石英没有与金发生化学吸附。由图 3.46 (b) 可知：在长石的红外光谱中，在 1005.61 cm^{-1} 处的峰是 Si—O 键的伸展振动引起的或是 Si—O 键的伸展振动吸收引起的，780.40 cm^{-1} 处的峰是 Si—Si 键的伸展振动吸收引起的，650~750 cm^{-1} 范围内的曲率基本上是 Si—Al 键的伸展振动吸收引起的，460~540 cm^{-1} 内的峰是 O—Si—O 键的弯曲与 K(Na 或 Ca)—O 键的伸展振动的耦合振动吸收引起的，400~450 cm^{-1} 内的峰一般是 Si—O—Si 键的形变振动的吸收引起的；在长石与金粉及金溶液作用的红外光谱中，长石与金粉、金溶液共同球磨后，在 2360~2400 cm^{-1} 内出现了峰位。由图 3.46 (c) 可知：云母的谱线在 3622.38 cm^{-1} 处出现了主吸收峰；云母与金溶液共磨后，峰位没有明显变化；云母与金粉共磨后，在 2391.30 cm^{-1} 处出现了峰位。由图 3.46 (d) 可知：高岭石红外光谱近红外光谱谱线特征以显著的 Al—OH 键的吸收峰为主，在 1410~1440 cm^{-1} 内出现了"双羟基峰"，在 1910 cm^{-1} 附近出现了结构水峰，在 1940~1950 cm^{-1} 内出现了吸附水峰，最显著的 Al—OH 键三阶梯吸收峰出现在 2320~2380 cm^{-1} 内，如结晶度好，则峰形尖锐，搬运型高岭石结晶度低，则峰形较缓；高岭石与金溶液共磨后峰位没有明显变化；高岭石与金粉共磨后，在 470~800 cm^{-1} 内出现了多个峰。

采用振动磨磨矿方式，在石英、长石、云母和高岭石原料粒度为 -2 mm，磨矿细度为 -0.074 mm 分别占 89.5%、93.5%、90%、92.5%，矿浆浓度均为 44.44%，金粉用量均为 0.075 mg/g，金溶液质量浓度分别为 120 mg/L、120 mg/L、140 mg/L、140 mg/L 的条件下，测得的石英、长石、云母和高岭石及其与金粉和金溶液作用后的红外光谱如图 3.47 所示。

由图 3.47 (a) 可知：在石英的红外光谱中，在 1003.31 cm^{-1} 处的峰为 Si—O 键的反对称伸缩振动峰，799.10 cm^{-1} 处的峰为 Si—O 键的对称伸缩振动峰，690.45 cm^{-1} 处的峰为氧四面体聚合结构，429.54 cm^{-1} 处的峰为 Si—O 键的弯曲振动峰；石英与金粉共磨后，在 440~530 cm^{-1} 内出现了 3 个吸收峰，在 3400~3900 cm^{-1} 内也出现了 3 个吸收峰；石英与金溶液共磨后，在 1520~1880 cm^{-1} 及 3630~3920 cm^{-1} 内均出现了连续多个峰。由图 3.47 (b) 可知：长石与金粉共磨后，没有特征峰出现；长石与金溶液共磨后，在 3570~3900 cm^{-1} 内及 468.96 cm^{-1}、566.91 cm^{-1}、598.61 cm^{-1} 和 732.69 cm^{-1} 处均出现了特征峰。由图 3.47 (c) 可知：云母和金粉共磨后，峰位没有明显变化；云母与金溶液共磨后，1700 cm^{-1} 附近出现了多个峰。由图 3.47 (d) 可知：高岭石与金粉共磨后，在 3695.90 cm^{-1} 处出现了 1 个强峰；高岭石与金溶液共磨后，峰位没有明显变化。

对比图 3.46 和图 3.47 可知，振动磨矿方式下，石英与金粉和金溶液、云母与金溶液的作用强于球磨磨矿；长石与金粉、云母与金粉的作用弱于球磨磨矿；

长石与金溶液、高岭石与金粉和金溶液的作用在两种磨矿方式下差异相对较小。

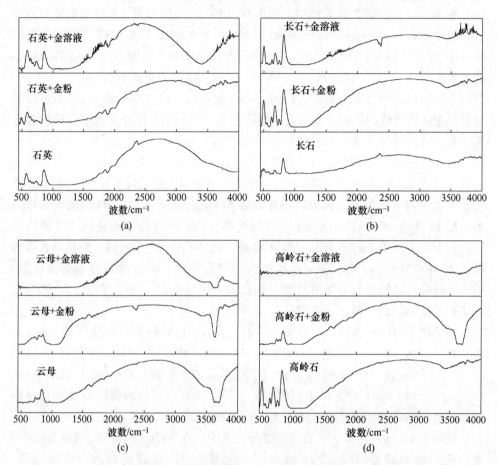

图 3.47　振动磨矿下样品的红外光谱

（a）石英及其与金粉和金溶液；（b）长石及其与金粉和金溶液；
（c）云母及其与金粉和金溶液；（d）高岭石及其与金粉和金溶液

4 搅拌作用下石英及硅酸盐矿物 与 $Au(S_2O_3)_2^{3-}$ 的作用

本章分别介绍搅拌作用下搅拌时间、矿浆浓度、初始金溶液质量浓度和搅拌转速对吸附溶液中金的影响。含硅矿物与 $Au(S_2O_3)_2^{3-}$ 溶液作用后离心分离样品，溶液通过原子吸收测定其中金与硅的质量浓度，固体经洗涤烘干留作表面分析。采用红外光谱和扫描电镜进行表面分析。金的吸附量由溶液中金含量的变化决定。在定量石英及硅酸盐矿物存在的条件下，通过测定石英及硅酸盐矿物对金的吸附量，判定石英及硅酸盐矿物的表面活性。硫代硫酸盐浸金是在碱性条件下进行的，本试验将浸出液 pH 值控制在 8~10。

4.1 石英、高岭石对 $Au(S_2O_3)_2^{3-}$ 溶液中金的吸附

4.1.1 石英对 $Au(S_2O_3)_2^{3-}$ 溶液中金的吸附试验

4.1.1.1 搅拌时间试验

搅拌时间是控制试验的一个重要条件。在石英的细度为 -0.037 mm 占 100%，矿量为 5 g，矿浆浓度为 30%，搅拌转速为 500 r/min，初始金溶液质量浓度为 56.50 mg/L 的条件下，考查了搅拌时间对石英吸附溶液中金的吸附量和吸附率的影响，试验结果如图 4.1 所示。

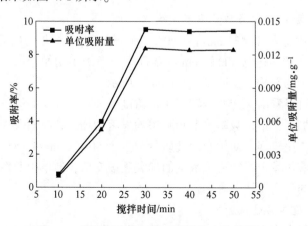

图 4.1　搅拌时间对石英吸附溶液中金的影响

由图 4.1 可以看出,搅拌时间在 10~30 min 时,随着搅拌时间的增加,石英对溶液中金的单位吸附量和吸附率都增加,搅拌时间为 30 min 时吸附作用较强;搅拌时间大于 30 min 后,随着搅拌时间增加,单位吸附量和吸附率的变化较小。

4.1.1.2　矿浆浓度试验

在石英的细度为 -0.037 mm 占 100%,矿量为 5 g,搅拌时间为 30 min,初始金溶液质量浓度为 56.50 mg/L,搅拌转速为 500 r/min 的条件下,考查了矿浆浓度对石英吸附溶液中金的影响,试验结果如图 4.2 所示。

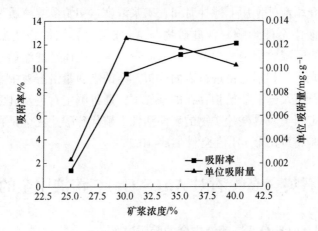

图 4.2　矿浆浓度对石英吸附溶液中金的影响

由图 4.2 可以看出,矿浆浓度升高,石英吸附溶液中金的总量增加,吸附率也随之上升。随着矿浆浓度的升高,金溶液的体积减小。当矿浆浓度小于 30%时,单位吸附量随着矿浆浓度升高而升高,石英在溶液中吸附金的速度变快;当矿浆浓度超过 30%时,单位吸附量随着矿浆浓度升高而降低,石英对溶液中金的吸附逐渐变慢。

4.1.1.3　初始金溶液质量浓度试验

在石英的细度为 -0.037 mm 占 100%,矿量为 5 g,搅拌时间为 30 min,矿浆浓度为 30%,搅拌转速为 500 r/min 的条件下,考查了初始金溶液质量浓度对石英吸附溶液中金的影响,试验结果如图 4.3 所示。

由图 4.3 可以看出:初始金溶液质量浓度为 40~50 mg/L 时,随着初始金溶液质量浓度的加大,单位吸附量及吸附率均显著增加,此时石英对溶液中金的吸附较快,吸附作用较强;初始金溶液质量浓度为 50~70 mg/L 时,石英对溶液中金的吸附率随着初始金溶液质量浓度的加大逐渐变低,但单位吸附量随着初始金溶液质量浓度的升高持续升高。

4.1.1.4　搅拌转速试验

在石英的细度为 -0.037 mm 占 100%,矿量为 5 g,矿浆浓度为 30%,搅拌时

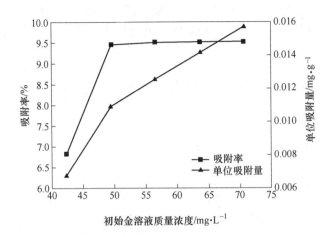

图 4.3　初始金溶液质量浓度对石英吸附溶液中金的影响

间为 30 min，金溶液质量浓度为 56.50 mg/L 的条件下，考查了搅拌转速对石英吸附溶液中金的影响，试验结果如图 4.4 所示。

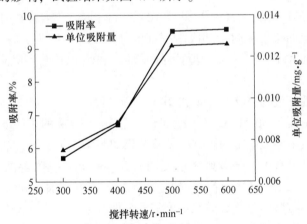

图 4.4　搅拌转速对石英吸附溶液中金的影响

由图 4.4 可以看出，当搅拌转速为 300～500 r/min 时，随着搅拌转速的增加，石英对溶液中金的单位吸附量和吸附率均增加，这表明搅拌转速的增加促进了石英活性的增加；当搅拌转速超过 500 r/min 后，石英对溶液中金的单位吸附量和吸附率变化不大。因此确定后续试验中搅拌转速为 500 r/min。

4.1.2　高岭石对 $Au(S_2O_3)_2^{3-}$ 溶液中金的吸附试验

4.1.2.1　搅拌时间试验

在高岭石的细度为 -0.037 mm 占 100%，矿量为 5 g，矿浆浓度为 30%，搅拌转速为 500 r/min，初始金溶液质量浓度为 56.50 mg/L 的条件下，考查了搅拌时间对高岭石吸附溶液中金的单位吸附量和吸附率的影响，试验结果如图 4.5 所示。

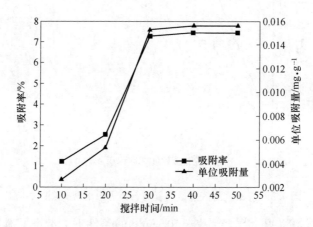

图 4.5　搅拌时间对高岭石吸附溶液中金的影响

由图 4.5 可以看出，当搅拌时间为 10~30 min 时，随着搅拌时间的增加，高岭石对溶液中金的单位吸附量和吸附率都增加，搅拌时间为 30 min 时吸附作用较强；搅拌时间大于 30 min 后，搅拌时间增加，单位吸附量和吸附率变化较小。

4.1.2.2　矿浆浓度试验

在高岭石的细度为 -0.037 mm 占 100%，矿量为 5 g，搅拌时间为 30 min，初始金溶液质量浓度为 56.50 mg/L，搅拌转速为 500 r/min 的条件下，考查了矿浆浓度对高岭石吸附溶液中金的影响，试验结果如图 4.6 所示。

由图 4.6 可以看出，随着矿浆浓度的升高，高岭石吸附溶液中金的总量增加，吸附率也随之上升。随着矿浆浓度的增加，金溶液的体积减小。当矿浆浓度小于 25% 后，单位吸附量随着矿浆浓度的升高而升高，高岭石吸附溶液中金的速度快；当矿浆浓度超过 25% 后，单位吸附量随着矿浆浓度升高而降低，高岭石对金的吸附逐渐变慢。

4.1.2.3　初始金溶液质量浓度试验

在高岭石的细度为 -0.037 mm 占 100%，矿量为 5 g，搅拌时间为 30 min，矿浆浓度为 30%，搅拌转速为 500 r/min 的条件下，考查了初始金溶液质量浓度对高岭石吸附溶液中金的影响，试验结果如图 4.7 所示。

由图 4.7 可以看出，随着初始金溶液质量浓度的升高，高岭石对溶液中金的吸附率先快速上升后上升幅度逐渐变小；单位吸附量随着初始金溶液质量浓度的升高而持续升高。

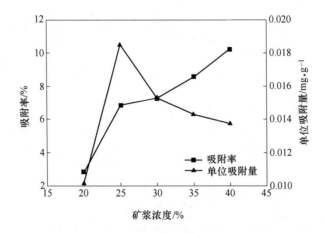

图 4.6 矿浆浓度对高岭石吸附溶液中金的影响

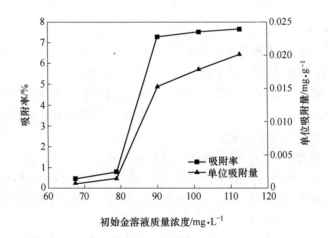

图 4.7 初始金溶液质量浓度对高岭石吸附溶液中金的影响

4.1.2.4 搅拌转速试验

在高岭石的细度为 -0.037 mm 占 100%，矿量为 5 g，矿浆浓度为 30%，搅拌时间为 30 min，初始金溶液质量浓度为 56.50 mg/L 的条件下，考查了搅拌转速对高岭石吸附溶液中金的影响，试验结果如图 4.8 所示。

由图 4.8 可以看出，搅拌转速为 300~500 r/min 时，随着搅拌转速的增加，高岭石对溶液中金的单位吸附量和吸附率均增加，表明搅拌转速的增加促进了高岭石的活性增加；搅拌转速超过 500 r/min 后，高岭石对溶液中金的单位吸附量和吸附率变化不大。

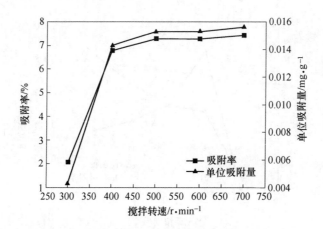

图 4.8　搅拌转速对高岭石吸附溶液中金的影响

4.1.3　石英与 $Au(S_2O_3)_2^{3-}$ 反应前后红外光谱及扫描电镜分析

4.1.3.1　红外光谱分析

分子运动可分为两种类型：平移运动和量子运动。量子运动又分为电子运动、振动和转动 3 种类型。分子运动过程满足能量守恒定律 $E_2 - E_1 = h\nu$，即分子运动想要跃迁到较高能级需要分子从较低的能级吸收一定能量的光子。红外吸收光谱就是从基态到激发态的跃迁所引起的偶极矩的净变化，这种变化是由分子的振动和转动能级产生的，从而产生了振动-转动光谱[79]。

能级之间的差异越小，分子吸收的光的频率越低，波长越长。分子的转动能级差异相对较小，因此分子的纯转动能谱出现在远红外区域（25~300 μm）。分子振动能级差异要大得多，因此分子振动能级跃迁吸收的光频率更高，分子的纯振动能谱出现在中红外区域（2.5~25 μm）。

石英及石英与 $Au(S_2O_3)_2^{3-}$ 溶液作用后样品的红外光谱如图 4.9 所示。

对图 4.9（a）的谱峰用文献［80］进行归属，可以得出结论：Si—O 键的弯曲振动峰在 455.14 cm^{-1} 处，该处是吸收光谱的强吸收带；Si—O—Si 键的对称伸缩振动峰在 792.64 cm^{-1} 和 694.28 cm^{-1} 处，其中 792.64 cm^{-1} 处也为石英族矿物的特征峰；Si—O 键的非对称伸缩振动峰在 1081.92 cm^{-1} 处；水分子的弯曲振动吸收峰在接近 1614.21 cm^{-1} 处；Si—O 四面体伸缩振动峰在 1866.85 cm^{-1} 处。

对比图 4.9（a）和（b）可以看出，石英吸附 $Au(S_2O_3)_2^{3-}$ 后，部分峰位发生了变化，如 455.14 cm^{-1} 处的 Si—O 键的弯曲振动峰反应后蓝移到了 459.00 cm^{-1} 处，792.64 cm^{-1} 处的 Si—O—Si 键的对称伸缩振动峰反应后蓝移到了 796.50 cm^{-1} 处，1081.92 cm^{-1} 处的 Si—O 键的非对称伸缩振动峰反应后蓝移到了 1085.78 cm^{-1} 处，1866.85 cm^{-1} 处的 Si—O 键的四面体伸缩振动峰反应后红移到了

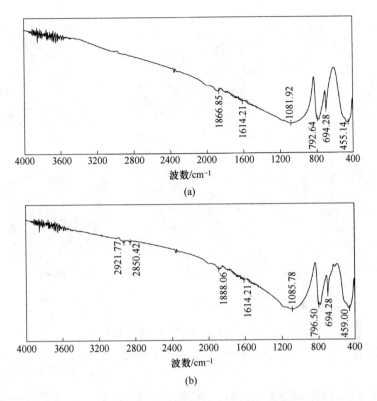

图 4.9 石英及石英与 Au(S$_2$O$_3$)$_2^{3-}$ 溶液作用后样品的红外光谱

(a) 石英；(b) 石英+Au(S$_2$O$_3$)$_2^{3-}$

1886.06 cm^{-1} 处。以上表明石英与 Au(S$_2$O$_3$)$_2^{3-}$ 能发生吸附反应，且为物理吸附。由图 4.9（b）可知，石英和 Au（S$_2$O$_3$)$_2^{3-}$ 溶液经搅拌后在 2850.42 cm^{-1} 和 2921.77 cm^{-1} 处有新峰生成，说明石英与 Au(S$_2$O$_3$)$_2^{3-}$ 发生了化学吸附。为了进一步验证，进行了扫描电镜 EDS（能量散射谱）分层分析。

4.1.3.2 扫描电镜 EDS 分层分析

扫描电子显微镜是利用电子直接穿透样品，被样品散射开来，样品表面反射出来和被样品吸收，使样品激化，又从样品本身发射出来等。

石英及石英与 Au(S$_2$O$_3$)$_2^{3-}$ 溶液作用后样品的扫描电镜 EDS 分层分析如图 4.10 和图 4.11 所示。

由图 4.10 可以看出，EDS 分层图像清楚地且均匀地显示了 Si 和 O 元素，这表明石英中的 Si 和 O 是强化学键结合。比较图 4.11 和图 4.10 可以看出，一些 Au 元素散布在均匀分布的 Si 和 O 元素之间的间隙中，这表明在石英与 Au(S$_2$O$_3$)$_2^{3-}$ 溶液反应的过程中，有部分 Au 元素吸附在了石英表面。

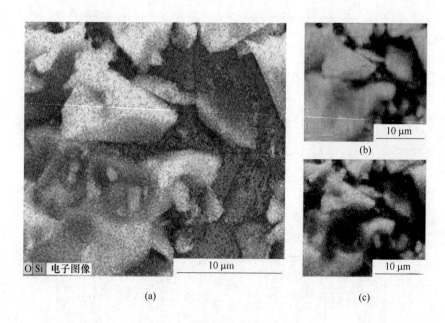

图 4.10 石英扫描电镜 EDS 分层分析

(a) EDS 分层图像 1;(b) Si $K_{\alpha 1}$;(c) O $K_{\alpha 1}$

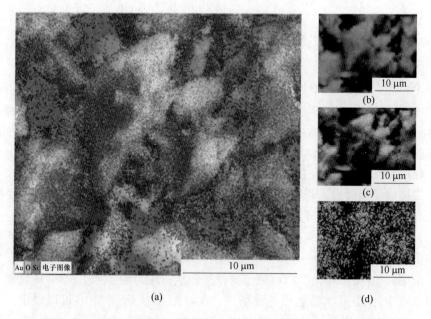

图 4.11 石英与 Au(S₂O₃)₂³⁻ 溶液作用后样品的扫描电镜 EDS 分层分析

(a) EDS 分层图像 1;(b) Si $K_{\alpha 1}$;(c) O $K_{\alpha 1}$;(d) Au $K_{\alpha 1}$

4.1.4　高岭石与 $Au(S_2O_3)_2^{3-}$ 反应前后红外光谱及扫描电镜分析

4.1.4.1　红外光谱分析

高岭石及高岭石与 $Au(S_2O_3)_2^{3-}$ 溶液作用后样品的红外光谱如图 4.12 所示。

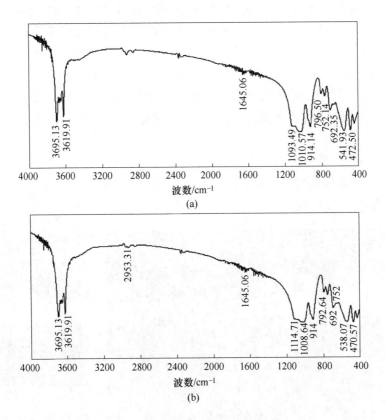

图 4.12　高岭石吸附金前后的红外光谱

(a) 高岭石；(b) 高岭石+$Au(S_2O_3)_2^{3-}$

由图 4.12 (a) 可以看出，Si—O—Al 键的伸缩振动峰在 541.93 cm^{-1} 处，Si—O 键的弯曲振动峰在 472.50 cm^{-1} 处，同时这两波数处的 Al—O 键的伸缩振动和—OH 的平动也作出了贡献；弱带 Si—O—Si 键的对称伸缩振动峰在 796.50 cm^{-1} 和 752.14 cm^{-1} 处，Si—O—Si 键的对称伸缩振动峰在 692.35 cm^{-1} 处；外羟基摆动吸收峰在 914.14 cm^{-1} 处；1093.49 cm^{-1} 和 1010.57 cm^{-1} 处呈肩状为强吸收带，是 Si—O 键的伸缩振动峰；1645.06 cm^{-1} 处是水分子的弯曲振动吸收峰；在高频区有两个吸收带比较尖锐，3695.13 cm^{-1}、3619.91 cm^{-1} 处分别为高岭石外羟基、内羟基伸缩振动吸收峰。

对比图 4.12 (b) 可见，高岭石吸附 $Au(S_2O_3)_2^{3-}$ 后，部分峰位发生了变化，如 541.93 cm^{-1} 处的 Si—O—Al 伸缩振动峰反应后红移到了 538.07 cm^{-1} 处；472.50 cm^{-1} 处的 Si—O 键的弯曲振动峰反应后红移到了 470.57 cm^{-1}处，表明有氢键和弱的分子间作用力产生；反应后，Si—O—Si 键在 796.50 cm^{-1} 处的对称伸缩振动峰红移到了 792.64 cm^{-1}处；1093.49 cm^{-1} 处的呈肩状的强吸收带 Si—O 键伸缩振动峰反应后蓝移到了 1114.71 cm^{-1} 处，而 1010.57 cm^{-1} 处的红移到了 1008.64 cm^{-1}处；1645.06 cm^{-1} 处的水分子的弯曲振动吸收峰反应前后无变化；高频区 3695.13 cm^{-1} 和 3619.91 cm^{-1}处的外羟基、内羟基伸缩振动吸收峰反应前后也无变化。表明高岭石与 $Au(S_2O_3)_2^{3-}$ 能发生吸附，且为物理吸附。高岭石和 $Au(S_2O_3)_2^{3-}$ 溶液经搅拌后在 2953.31 cm^{-1} 处有新峰生成，说明高岭石与 $Au(S_2O_3)_2^{3-}$ 发生了化学吸附。为了进一步验证，进行了扫描电镜 EDS 分层分析。

4.1.4.2　扫描电镜 EDS 分层分析

高岭石及高岭石与 $Au(S_2O_3)_2^{3-}$ 溶液作用后样品的扫描电镜 EDS 分层分析如图 4.13 和图 4.14 所示。

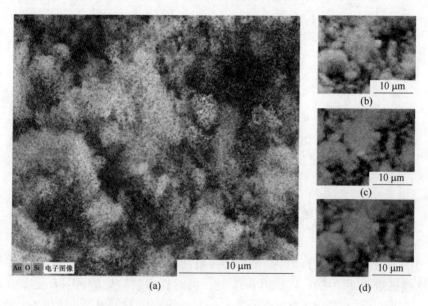

图 4.13　高岭石扫描电镜 EDS 分层分析
(a) EDS 分层图像 2；(b) O $K_{\alpha 1}$；(c) Al $K_{\alpha 1}$；(d) Si $K_{\alpha 1}$

由图 4.13 可以看出，EDS 分层图像清楚且均匀地显示了 Si、Al 和 O 元素，这表明在高岭石中 Si、Al 和 O 之间存在强的化学键。比较图 4.14 和图 4.13 可以看出，一些 Au 元素散布在均匀分布的 Si、Al 和 O 元素之间的间隙中，这表明在高岭石与 $Au(S_2O_3)_2^{3-}$ 溶液反应的过程中，有部分 Au 元素吸附在了高岭石表面。

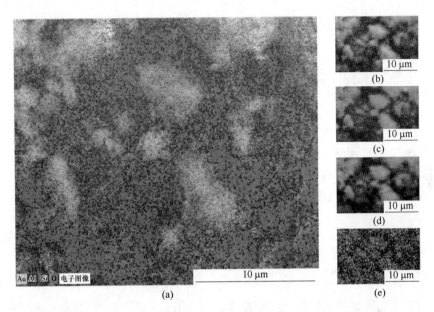

图 4.14 高岭石与 $Au(S_2O_3)_2^{3-}$ 溶液作用后样品的扫描电镜 EDS 分层分析

(a) EDS 分层图像 4；(b) O $K_{\alpha1}$；(c) Al $K_{\alpha1}$；(d) Si $K_{\alpha1}$；(e) Au $K_{\alpha1}$

4.2 石英及硅酸盐矿物与 $Au(S_2O_3)_2^{3-}$ 作用的量子力学模拟

采用软件 Materials Studio 中的 CASTEP 模块，对含硅矿物石英、白云母和高岭石的晶格结构进行优化，即对密度泛函、截断能、K 点这 3 个主要参数进行收敛性测试，找到最佳石英晶体几何结构，并对石英、白云母和高岭石矿物的能带结构、电子态密度、Mulliken 布居进行分析。

4.2.1 石英与 $Au(S_2O_3)_2^{3-}$ 作用的量子力学模拟

基于密度泛函理论的量子力学方法，采用 Materials Studio 的 CASTEP 模块，对各矿物表面进行弛豫，找到合适的解理面。其次，构建药剂分子的表面作用模型，进行量子力学计算分析。石英晶体的电子结构研究见 3.4.1 节。

4.2.1.1 石英（101）面的最佳表面层计算

将平面截断能设定为 440 eV，K 点设定为 2×3×1，获得一个准确的石英表面层。层的深度为 0.254~1.940 nm，真空层厚度为 1.0~2.0 nm。

对于一个只有很高表面能的面，预计有一个大的增长率表面，并且这个快速增长的表面不能表达生成的晶体结构[78]。初定真空层厚度为 2 nm，测试石英（101）面的原子层厚度，并计算表面能。不同原子层厚度，石英（101）面的表面能的变化情况见表4.1。

表 4.1 不同原子层厚度的表面能

原子层厚度/nm	0.254	0.591	0.928	1.265	1.603	1.940
表面能/$J \cdot m^{-2}$	1.029	1.288	1.315	1.322	1.326	1.327

从表4.1可以看出，当原子层厚度超过0.591 nm后，石英表面能的变化范围小于0.05 J/m^2，表明此时已达到稳定状态。后续计算选择原子层厚度为1.265 nm。确定原子层厚度后对石英（101）面进行真空层厚度测试，并计算表面能。不同真空层厚度，石英（101）面的表面能的变化情况见表4.2。

表 4.2 不同真空层厚度的表面能

真空层厚度/nm	1.0	1.2	1.4	1.6	1.8	2.0
表面能/$J \cdot m^{-2}$	1.308	1.315	1.317	1.318	1.321	1.322

由表4.2可以看出，当真空层厚度超过1.0 nm后，真空层厚度的变化对表面能的影响不大，说明此时的石英表面已经达到稳定状态。综合考虑，选择真空层厚度为1.6 nm。石英（101）面弛豫前后的原胞模型如图4.15所示。

从图4.15可以看出，石英弛豫后的硅原子发生了明显的移动，表面的氧原子之间相互吸引，键长由0.346 nm缩短至0.150 nm。

4.2.1.2　吸附物与石英（101）面的作用

A　石英表面吸附能的计算

运用CASTEP模拟计算，量化石英（101）面的相对亲和力作用和吸附能。

本次模拟将水分子、氢氧根离子、$Au(S_2O_3)_2^{3-}$作为被吸附物，石英（101）面作为吸附体。计算石英（101）面与水分子、氢氧根离子、$Au(S_2O_3)_2^{3-}$之间相互作用的能量。在吸附之前，水分子、氢氧根离子、$Au(S_2O_3)_2^{3-}$被放在$10 \times 10 \times 10$立方晶胞里进行最佳优化。此时，K点选择α点。

B　水分子、氢氧根离子、$Au(S_2O_3)_2^{3-}$在石英（101）面的吸附作用

硫代硫酸盐浸出金通常在氨性条件下进行，

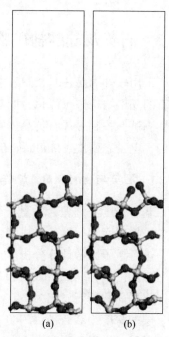

图4.15　石英（101）面弛豫
前后的原胞模型

（a）弛豫前；（b）弛豫后

因此氢氧根离子和水分子能在溶液中影响 $Au(S_2O_3)_2^{3-}$ 在石英（101）面的吸附过程。优化后的氢氧根离子、水分子、$Au(S_2O_3)_2^{3-}$ 在石英（101）面的几何吸附结构如图 4.16 所示，计算的相关吸附能见表 4.3。

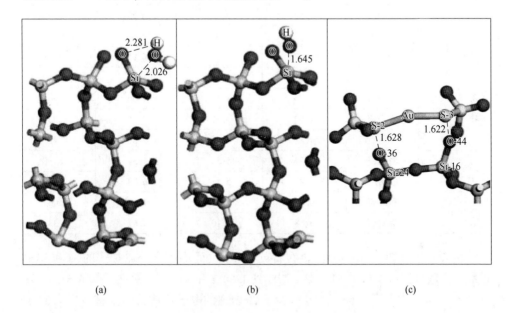

图 4.16 吸附物在石英（101）面的几何吸附结构

（a）水分子；（b）氢氧根离子；（c）$Au(S_2O_3)_2^{3-}$

表 4.3 吸附物在石英（101）面的吸附能

吸附物	H_2O	OH^-	$Au(S_2O_3)_2^{3-}$
吸附能/kJ·mol⁻¹	−13.87	−242.48	−386.70

由图 4.16 和表 4.3 可知，$Au(S_2O_3)_2^{3-}$ 在石英（101）面的吸附能为−386.70 kJ/mol；$Au(S_2O_3)_2^{3-}$ 与石英表面的距离 S-2—O-36 为 0.163 nm，S-3—O-44 为 0.162 nm。这表明 $Au(S_2O_3)_2^{3-}$ 在石英表面能自然地吸附。水分子的吸附能是−13.87 kJ/mol，这表明水分子能吸附在石英表面并且在石英（101）面形成水化膜。当 1 个 OH^- 到达石英表面，氧原子结合 1 个硅原子使石英（101）面羟基化，并且相应的 Si—O 的距离是 0.165 nm，吸附能为−242.48 kJ/mol。综上可知，吸附能力由强到弱的顺序为 $Au(S_2O_3)_2^{3-}$ > OH^- > H_2O。

4.2.1.3 石英晶体电子结构分析

$Au(S_2O_3)_2^{3-}$ 在石英（101）面发生了吸附，$Au(S_2O_3)_2^{3-}$ 的吸附发生在石英（101）面的 S-2 与 O-36 之间和 S-3 与 O-44 之间，见表 4.4。

表 4.4　$Au(S_2O_3)_2^{3-}$ 在石英（101）面的 Mulliken 布居分析

原子	状态	s 轨道电子数/e	p 轨道电子数/e	总电子数/e	电荷数/e
S-2	吸附前	1.90	4.33	6.23	-0.23
	吸附后	1.84	3.74	5.57	0.43
O-36	吸附前	1.91	4.95	6.86	-0.86
	吸附后	1.83	5.11	6.95	-0.95
Si-24	吸附前	0.69	1.25	1.94	2.06
	吸附后	0.56	1.10	1.66	2.34
S-3	吸附前	1.62	3.33	4.95	1.05
	吸附后	1.83	3.75	5.57	0.43
O-44	吸附前	1.82	5.52	7.34	-1.34
	吸附后	1.82	5.11	6.93	-0.93
Si-16	吸附前	0.65	1.28	1.94	2.06
	吸附后	0.58	1.10	1.67	2.33

由表 4.4 可知：$Au(S_2O_3)_2^{3-}$ 在石英（101）面吸附后，S-2 原子的 3s 和 3p 轨道的电子数分别从 1.90 e 和 4.33 e 减少到 1.84 e 和 3.74 e，总电子数从 6.23 e 减少到 5.57 e，减少了 0.66 e；O-36 原子 2s 轨道的电子数从 1.91 e 减少到 1.83 e，而 2p 轨道的电子数从 4.95 e 增加到 5.11 e，总电子数从 6.86 e 增加到 6.95 e，增加了 0.09 e；Si-24 原子 3s 轨道的电子数从 0.69 e 减少到 0.56 e，3p 轨道的电子数从 1.25 e 减少到 1.10 e，总电子数从 1.94 e 减少到 1.66 e，减少了 0.28 e。这说明 S-2 原子的电子转移到了石英表面的 O-36 原子上；S-3 原子的 3s 和 3p 轨道的电子数分别从 1.62 e、3.33 e 增加到 1.83 e、3.75 e，总电子数从 4.95 e 增加到 5.57 e，增加了 0.62 e，O-44 原子 2s 轨道的电子数没有变化，而 2p 轨道的电子数从 5.52 e 减少到 5.11 e，总电子数从 7.34 e 减少到 6.93 e，减少了 0.41 e，Si-16 原子 3s 轨道的电子数从 0.65 e 减少到 0.58 e，3p 轨道的电子数从 1.28 e 减少到 1.10 e，总电子数从 1.94 e 减少到 1.67 e，减少了 0.27 e，这说明石英表面 O-44 的电子转移到了 S-3 原子上。表明 $Au(S_2O_3)_2^{3-}$ 与石英（101）面相互转移的电荷量较多，具有较强的吸附作用。$Au(S_2O_3)_2^{3-}$ 吸附在活化的石英（101）面的键的布居分析见表 4.5。

表 4.5　$Au(S_2O_3)_2^{3-}$ 吸附在活化的石英（101）面的键的布居分析

键	布居值	键长/nm
S-2—O-36	0.20	0.163
S-3—O-44	0.22	0.162

从表4.5可以看出，$Au(S_2O_3)_2^{3-}$ 中的 S-2 和 S-3 分别与石英（101）面的 O-36 和 O-44 成键，布居值分别为 0.20、0.22，键长分别为 0.163 nm、0.162 nm。从布居值和键长看，$Au(S_2O_3)_2^{3-}$ 中的 S 原子与石英（101）面的 O 原子成键，所成键的作用比较强。

4.2.2 白云母与 $Au(S_2O_3)_2^{3-}$ 作用的量子力学模拟

4.2.2.1 白云母晶体电子结构研究

计算采用的结构和能量优化收敛性参数为：（1）能量收敛精度为 2×10^{-5} eV/atom；（2）最大力收敛精度为 0.5 eV/nm；（3）最大位移收敛精度为 2×10^{-4} nm；（4）最大应力为 0.1 GPa；（5）自洽迭代收敛精度为 1.0×10^{-6} eV/atom。

A 白云母晶体收敛性测试

采用 Materials Studio 中的 CASTEP 模块，对白云母的能带结构、电子态密度、Mulliken 布居和前线轨道进行计算。对白云母的原胞模型进行优化处理，以选取最佳交换关联泛函、K 点和平面波截断能。白云母的原胞模型如图 4.17 所示。

对白云母晶体进行优化，即对其交换关联泛函、平面波截断能和 K 点 3 个主要参数进行收敛性测试，并找到最佳白云母晶体几何结构。初定平面

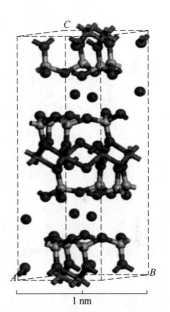

图 4.17 白云母的原胞模型

波截断能为 340 eV，K 点为 2×2×1，考查不同交换关联泛函对白云母晶体几何构型的误差，计算结果见表 4.6。

表 4.6 不同交换关联泛函的优化结果

矿物	函数	a/nm	b/nm	c/nm	误差/%
	试验值	0.519	0.900	2.010	—
	GGA-PBE	0.522	0.907	2.054	2.198
	GGA-RPBE	0.523	0.910	2.114	5.217
白云母	GGA-PW91	0.522	0.906	2.053	2.160
	GGA-WC	0.520	0.903	2.032	1.129
	GGA-PBESOL	0.520	0.903	2.023	0.647

由表 4.6 可知，白云母的 GGA-PBESOL 和 GGA-WC 关联系数接近，但总体来看采用 GGA-PBESOL 计算的晶格常数误差最小，为 0.647%，且对应的单胞总

能量最低。同时考虑计算成本及计算精度，确定交换关联泛函为 GGA-PBESOL，并对白云母的 K 点收敛性进行测试，结果如图 4.18 所示。

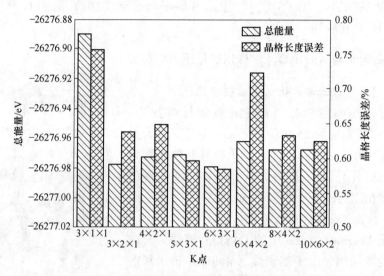

图 4.18　白云母的不同 K 点能量和晶格长度误差

由图 4.18 可知，当布里渊区 K 点选择 6×3×1 时，体系的总能量最低，此时晶格长度误差也最小，为 0.58%，并且最接近试验值。综合考虑，K 点选择 6×3×1。

采用 GGA-PBESOL 对截断能进行收敛性测试，结果如图 4.19 所示。

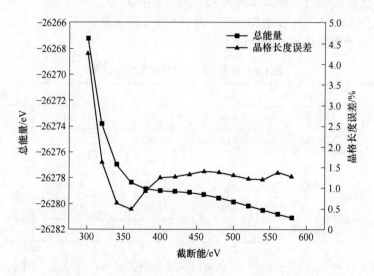

图 4.19　白云母的不同截断能的能量和晶格长度误差

由图4.19可知，随着截断能的增加，体系总能量呈下降趋势，当截断能为360 eV时，晶格长度误差最小。考虑计算效率的前提下，确定最佳的截断能为360 eV。计算结果表明，体系总能量为－26278.3783 eV 时，晶格长度误差为0.48%。计算结果与试验结果的误差较小，表明计算所采用的方法及选取的参数是可靠的。

B　白云母晶体能带结构及态密度分析

采用优化后的参数对白云母的能带结构和态密度进行计算分析，结果分别如图4.20和图4.21所示。

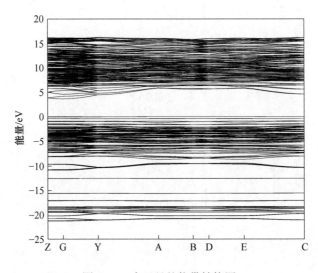

图4.20　白云母的能带结构图

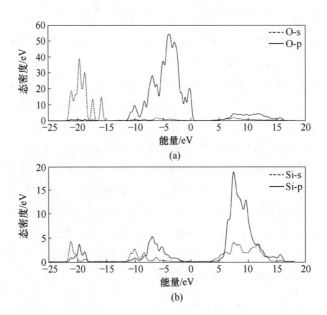

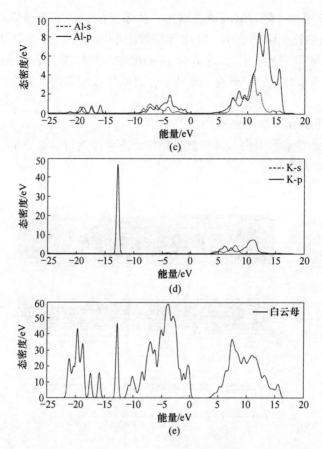

图 4.21   白云母的态密度图

(a) 氧原子；(b) 硅原子；(c) 铝原子；(d) 钾原子；(e) 白云母

取费米能级为能量零点。由图 4.20 可知，白云母的禁带宽度为 3.837 eV。计算结果表明，白云母属于绝缘体，无导电性。

由图 4.21 可以看出，白云母的能带在 -25~20 eV 内分为 4 部分：在 -20~ -15 eV 的价带主要由氧原子的 s 轨道和硅原子的 s 轨道贡献；在 -13~-12 eV 的价带由钾原子的 s 轨道贡献；-12~2.5 eV 的价带主要由氧原子、硅原子和铝原子的 p 轨道共同贡献，其中贡献最大的是氧原子的 p 轨道；在 5~17.5 eV 的价带主要由硅原子的 s 轨道和 p 轨道及铝原子的 s 轨道和 p 轨道共同贡献，其中硅原子的 p 轨道和铝原子的 p 轨道贡献都比较大。顶部价带主要由氧原子的 s 轨道贡献，少量由硅原子的 p 轨道和铝原子的 p 轨道贡献。导带能级主要由氧原子的 s 轨道、硅原子的 s 轨道和 p 轨道、铝原子的 s 轨道和 p 轨道贡献。费米能级处的价带主要由氧原子的 p 轨道贡献。由此可知，在吸附过程中，白云母与金及其络合物作用时，主要是硅原子的 p 轨道作用。

C 白云母晶体的 Mulliken 布居分析

白云母的 O、Si、Al、K 原子在优化前的价电子构型分别为：氧 $2s^22p^4$，硅 $3s^23p^2$，铝 $3s^23p^1$，钾 $3s^23p^64s^1$。优化后的原子布居见表 4.7。

表 4.7　白云母晶体的 Mulliken 布居分析

矿物	原子	s 轨道电子数/e	p 轨道电子数/e	总电子数/e	电荷数/e
白云母	O	1.85	5.25	7.10	-1.10
	Si	0.66	1.29	1.95	2.05
	Al	0.47	0.79	1.26	1.74
	K	2.01	5.54	7.55	1.45

由表 4.7 可知白云母优化后的电子构型为：氧 $2s^{1.85}2p^{5.25}$，硅 $3s^{0.66}3p^{1.29}$，铝 $3s^{0.47}3p^{0.79}$，钾 $3s^{2.01}3p^{5.54}$。硅原子、铝原子和钾原子均是电子供体：硅原子的 s 轨道和 p 轨道均失去电子，并且位于硅原子中的总电子数是 1.95 e，失去了 2.05 e，因此硅原子所带电荷数为 2.05 e；铝原子的 s 轨道和 p 轨道均失去电子，并且位于铝原子中的总电子数是 1.26 e，失去了 1.74 e，因此铝原子所带电荷数为 1.74 e；钾原子的 s 轨道和 p 轨道均失去电子，并且位于钾原子中的总电子数是 7.55 e，失去了 1.45 e，因此钾原子所带电荷数为 1.45 e。氧原子是电子受体，氧原子的 s 轨道失去电子，但是 p 轨道得到的电子数远高于 s 轨道失去的电子数。氧原子所带电荷数为-1.10 e。

4.2.2.2　白云母（001）面的最佳表面层计算

表面能一般定义为产生单位表面积所需要做的可逆功。表面能是测量给定面的热力学稳定性指标，值越低说明表面越稳定，表面结构越准确。

设定切的平面截断能为 360 eV，K 点为 6×6×1，获得一个准确的白云母表面层。层的深度为 0.833~5.810 nm，真空层厚度为 1.0~2.0 nm。

对于一个具有很高表面能的面，预计有一个大的增长率表面，并且这个快速增长的表面不能表达生成的晶体结构。当真空层厚度初步定为 2.0 nm，对白云母（001）面进行原子层厚度测试，并计算表面能。不同原子层厚度下白云母（001）面的表面能的变化情况见表 4.8。

表 4.8　不同原子层厚度下的表面能

原子层厚度/nm	0.833	1.828	2.823	3.819	4.814	5.810
表面能/$J\cdot m^{-2}$	0.299	0.302	0.299	0.295	0.292	0.289

由表 4.8 可以看出，当原子层厚度高于 0.833 nm 后，白云母表面能的变化范围小于 $0.05\ J/m^2$，表明此时已达到稳定状态。因此后续计算选择原子层厚度为 3.819 nm。确定原子层厚度后对白云母（001）面进行真空层厚度测试，并计

算表面能。不同真空层厚度下白云母（001）面的表面能的变化情况见表 4.9。

表 4.9　不同真空层厚度下的表面能

真空层厚度/nm	1.0	1.2	1.4	1.6	1.8	2.0
表面能/$J \cdot m^{-2}$	0.295	0.310	0.318	0.321	0.328	0.331

由表 4.9 可以看出，当真空层厚度超过 1.0 nm 后，真空层厚度的变化对表面能的影响不大，说明此时的高岭土表面已经达到稳定状态。综合考虑，确定真空层厚度为 1.6 nm。白云母（001）面弛豫前后的原胞模型如图 4.22 所示。

4.2.2.3　白云母（001）面对 $Au(S_2O_3)_2^{3-}$ 的吸附作用

运用 CASTEP 模拟计算，量化白云母（001）面的相对亲和力作用和多种吸附能。

将 $Au(S_2O_3)_2^{3-}$ 作为被吸附物，白云母（001）面作为吸附体，计算白云母（001）面和 $Au(S_2O_3)_2^{3-}$ 之间相互作用的能量。在吸附之前，$Au(S_2O_3)_2^{3-}$ 被放在 10×10×10 立方晶胞内进行优化。计算时，K 点选择 α 点。

优化后的 $Au(S_2O_3)_2^{3-}$ 在白云母（001）面的几何吸附结构如图 4.23 所示，计算的相关吸附能见表 4.10。

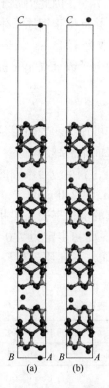

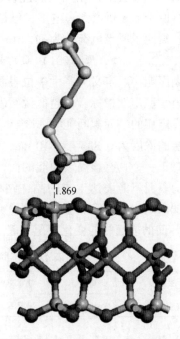

图 4.22　白云母（001）面弛豫前后的原胞模型
（a）弛豫前；（b）弛豫后

图 4.23　$Au(S_2O_3)_2^{3-}$ 在白云母
（001）面的几何吸附结构

表 4.10　吸附物在白云母 (001) 面的吸附能

$E_{表面+药剂}$/eV	$E_{矿物}$/eV	$E_{药剂}$/eV	$E_{吸附能}$/kJ·mol^{-1}
−109739.76	−105112.13	−4626.62	−98.33

由图 4.23 和表 4.10 可知，$Au(S_2O_3)_2^{3-}$ 在白云母 (001) 面的吸附能为 −98.33 kJ/mol，$Au(S_2O_3)_2^{3-}$ 中的 O—Si 键的键长为 0.187 nm，这表明 $Au(S_2O_3)_2^{3-}$ 在白云母表面能自然地吸附。

4.2.3　高岭石与 $Au(S_2O_3)_2^{3-}$ 作用的量子力学模拟

4.2.3.1　高岭石晶体电子结构研究

A　高岭石晶体收敛性测试

本小节从对高岭石的原胞模型进行优化处理开始，以选取最佳的交换关联泛函、K 点和平面波截断能。高岭石的原胞模型如图 4.24 所示。

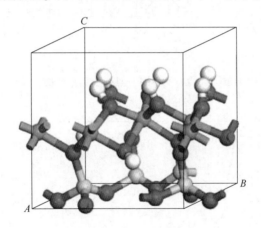

图 4.24　高岭石的原胞模型

初定截断能为 340 eV，K 点为 3×2×2，高岭石晶体不同交换关联泛函的计算结果见表 4.11。

表 4.11　不同交换关联泛函的优化结果

矿物	函数	a/nm	b/nm	c/nm	误差/%
	试验值	0.515	0.893	0.738	—
	GGA-PBE	0.523	0.908	0.764	3.520
	GGA-RPBE	0.525	0.913	0.829	12.230
高岭石	GGA-PW91	0.522	0.907	0.762	3.158
	GGA-WC	0.520	0.904	0.742	1.131
	GGA-PBESOL	0.520	0.903	0.741	1.125

由表 4.11 可知，交换关联泛函为 GGA-PBESOL 时晶格常数误差最小，为 1.125%，所以计算时采用此交换关联泛函。

高岭石的不同 K 点和截断能的收敛性测试结果如图 4.25 和图 4.26 所示。

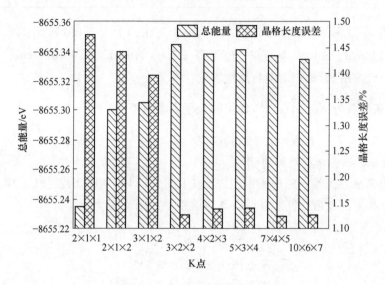

图 4.25   高岭石的不同 K 点能量和晶格长度误差

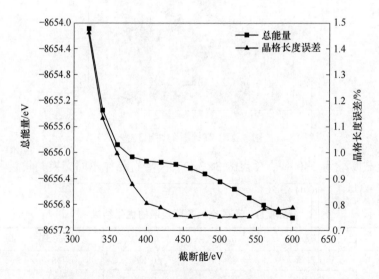

图 4.26   高岭石的不同截断能的能量和晶格长度误差

由图 4.25 可以看出，当布里渊区的 K 点选择 3×2×2 时，体系的总能量最低，此时晶格长度误差也最小，并且最接近试验值。综合考虑，K 点选择 3×2×2。

在采用交换关联泛函 GGA-PBESOL 及选择 K 点为 3×2×2 的条件下，对截断能进行收敛性测试。由图 4.26 可以看出,随着截断能的增加,体系的总能量不断减小,当截断能为 500 eV 时,晶格长度误差最小,因此确定最佳的截断能为 500 eV。

综上所述,高岭石结构优化所选择的最佳条件为:交换关联泛函为 GGA-PBESOL,K 点为 3×2×2,截断能为 500 eV。计算结果表明,体系总能量为 -8656.4439 eV,晶格长度与试验误差为 0.75%。计算结果与试验结果的误差较小,表明计算所采用的方法及选取的参数是可靠的。

在最佳条件下优化后的高岭石的原胞体积参数与试验结果的对比见表 4.12。

表 4.12 高岭石试验结果与计算优化对比

参数	试验值/nm	优化值/nm	误差值/%
A	0.515	0.518	0.68
B	0.893	0.900	0.75
C	0.738	0.733	0.74

由表 4.12 可知,由于赝势的使用,采用交换关联泛函 GGA-PBESOL 计算,导致优化后的晶格参数 A 和 B 的值分别高于试验值约 0.68 个百分点和 0.75 个百分点,而优化后的晶格参数 C 低于试验值约 0.74 个百分点。模拟和试验 XRD 光谱对比如图 4.27 所示。

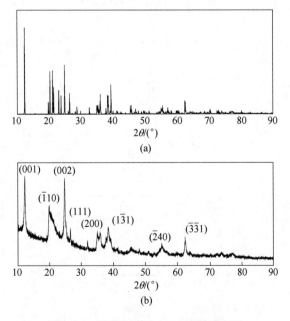

图 4.27 模拟和试验 XRD 光谱对比图

(a) 模拟优化;(b) 试验

由图 4.27 可以看出, 模拟和试验相比较, 试验建立的参数是有效合理的。此外发现, 在试验 XRD 中, 高岭石 (001) 面和 (002) 面有主导地位解离面的平衡形态的高岭石晶体, 实际上, 高岭石 (001) 面与 (002) 面基本相同, 由于 (001) 面具有最低能量[81-82], 因此选择高岭石 (001) 面。

B 高岭石晶体能带结构及态密度分析

高岭石的能带结构如图 4.28 所示, 其态密度如图 4.29 所示。

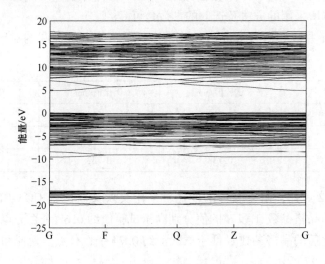

图 4.28 高岭石的能带结构

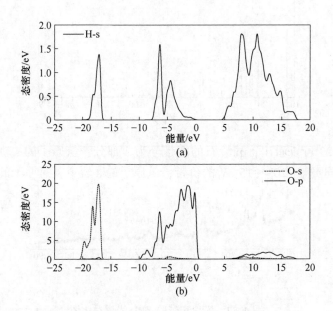

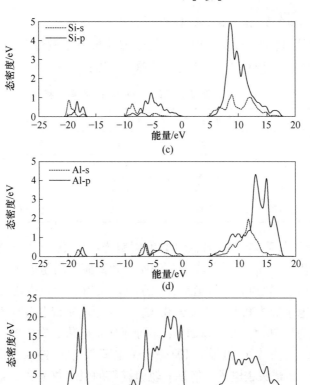

图 4.29　高岭石的态密度图
(a) 氢原子；(b) 氧原子；(c) 硅原子；(d) 铝原子；(e) 高岭石

　　取费米能级为能量零点。由图 4.28 可以得到高岭石的禁带宽度为 4.850 eV。半导体的禁带宽度一般在 2 eV 以下，绝缘体的禁带宽度则更大，因而计算结果表明高岭石属于绝缘体。

　　由图 4.29 可以看出，高岭石的能带分为 3 部分：氢原子的 s 轨道和氧原子的 s 轨道共同贡献−20～−15 eV 的价带；氢原子的 s 轨道、氧原子的 p 轨道及硅原子的 p 轨道共同贡献−10～2.5 eV 的价带，其中贡献最大的是氧原子的 p 轨道；氢原子的 s 轨道、硅原子的 s 轨道和 p 轨道及铝原子的 s 轨道和 p 轨道共同贡献 5～17.5 eV 的价带，其中硅原子的 p 轨道和铝原子的 p 轨道的贡献都比较大。导带能级主要由氢原子的 s 轨道、硅原子的 s 轨道和 p 轨道及铝原子的 s 轨道和 p 轨道贡献。费米能级处的价带主要由氢原子的 s 轨道和氧原子的 p 轨道贡献。因此，在吸附时高岭石与 $Au(S_2O_3)_2^{3-}$ 的作用，主要是氢原子的 s 轨道和氧原子的 p 轨道发生作用。

C　高岭石晶体的 Mulliken 布居分析

高岭石中的 H、O、Si、Al 原子在优化前的价电子构型分别为：氢 $1s^1$，氧 $2s^22p^4$，硅 $3s^23p^2$，铝 $3s^23p^1$。优化后的原子布居见表 4.13。

表 4.13　高岭石晶体的 Mulliken 布居分析

矿物	原子	s 轨道电子数/e	p 轨道电子数/e	总电子数/e	电荷数/e
高岭石	H	0.57	0	0.57	0.43
	O	1.85	5.26	7.11	−1.11
	Si	0.62	1.17	1.79	2.21
	Al	0.47	0.73	1.20	1.80

由表 4.13 可知高岭石优化后的电子构型为：氢 $1s^{0.57}$，氧 $2s^{1.85}2p^{5.26}$，硅 $3s^{0.62}3p^{1.17}$，铝 $3s^{0.47}3p^{0.73}$。氢原子、硅原子和铝原子均是电子供体，氢原子的 s 轨道、硅原子的 s 轨道和 p 轨道、铝原子的 s 轨道和 p 轨道均失去电子。定域在氢原子的总电子数为 0.57 e，失去 0.43 e，氢原子所带电荷数为 0.43 e；硅原子的总电子数为 1.79 e，失去 2.21 e，硅原子所带电荷数为 2.21 e；铝原子的总电子数为 1.20 e，失去 1.80 e，铝原子所带电荷数为 1.80 e。氧原子是电子受体，氧原子的 s 轨道失去电子，但是 p 轨道获得的电子数远高于 s 轨道失去的电子数。氧原子所带电荷数为 −1.11 e，说明氧原子的 p 轨道为最活跃的轨道。

4.2.3.2　高岭石（001）面的最佳表面层计算

设定平面截断能为 500 eV，K 点为 3×2×1，获得一个准确的高岭石表面层。层的深度为 0.529~4.069 nm，真空层厚度为 1.0~2.0 nm。

对于一个具有很高表面能的面，预计有一个大的增长率表面，并且这个快速增长的表面不能表达生成的晶体结构。初定真空层厚度为 2 nm，对高岭石（001）面进行原子层厚度测试，并计算表面能。不同的原子层厚度下高岭石（001）面的表面能的变化情况见表 4.14。

表 4.14　不同原子层厚度下的表面能

原子层厚度/nm	0.529	1.237	1.945	2.053	3.361	4.069
表面能/$J \cdot m^{-2}$	0.164	0.221	0.210	0.192	0.174	0.159

由表 4.14 可以看出，当原子层厚度超过 1.237 nm 后，高岭石表面能的变化范围小于 0.05 J/m^2，表明此时已达到稳定状态。因此后续计算选择原子层厚度为 2.653 nm。确定原子层厚度后对高岭石（001）面进行真空层厚度测试，并计算表面能。不同真空层厚度下高岭石（001）面的表面能的变化情况见表 4.15。

表 4.15 不同真空层厚度下的表面能

真空层厚度/nm	1.0	1.2	1.4	1.6	1.8	2.0
表面能/$J \cdot m^{-2}$	0.174	0.181	0.185	0.188	0.190	0.192

由表 4.15 可以看出，当真空层厚度超过 1.0 nm 后，真空层厚度的变化对表面能的影响不大，说明此时的高岭石表面已经达到稳定状态。综合考虑，确定真空层厚度为 1.6 nm。高岭石（001）面弛豫前后的原胞模型如图 4.30 所示。

4.2.3.3 高岭石（001）面与 $Au(S_2O_3)_2^{3-}$ 的吸附作用

A 高岭石表面吸附能的计算

运用 CASTEP 模拟计算，量化高岭石（001）面的相对亲和力作用和多种吸附能。

本次模拟将水分子、氢氧根离子、$Au(S_2O_3)_2^{3-}$ 作为被吸附物，高岭石（001）面作为吸附体，计算高岭石（001）面和水分子、氢氧根离子、$Au(S_2O_3)_2^{3-}$ 之间相互作用的能量。在吸附之前，水分子、氢氧根离子、$Au(S_2O_3)_2^{3-}$ 被放在 $10 \times 10 \times 10$ 立方晶胞内进行优化。此时，K 点选择 α 点。

B 吸附物与高岭石（001）面的吸附作用

硫代硫酸盐浸金通常在氨性条件下进行，因此氢氧根离子和水分子能在溶液中影响

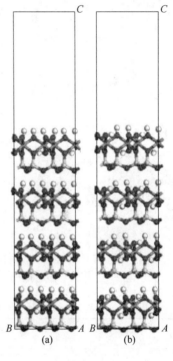

图 4.30 高岭石（001）面弛豫前后的原胞模型
(a) 弛豫前；(b) 弛豫后

$Au(S_2O_3)_2^{3-}$ 在石英（101）面的吸附过程。高岭石表面优化后的氢氧根离子、水分子、$Au(S_2O_3)_2^{3-}$ 几何吸附结构如图 4.31 所示，计算的相关吸附能见表 4.16。

由图 4.31 和表 4.16 可知：$Au(S_2O_3)_2^{3-}$ 在高岭石（001）面的吸附能为 -438.01 kJ/mol，O—H 键的键长为 0.162 nm，这表明 $Au(S_2O_3)_2^{3-}$ 在高岭石（001）面能自然地吸附；水分子的吸附能是 -33.51 kJ/mol，这表明水分子能吸附在高岭石（001）面并且在高岭石（001）面形成水化膜；OH^- 在高岭石（001）面的吸附能为 -480.91 kJ/mol，作用比较强，形成了氢键。综上可知，吸附能力由强到弱为 $OH^- > Au(S_2O_3)_2^{3-} > H_2O$。

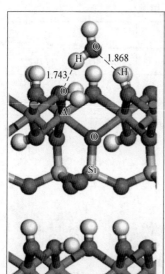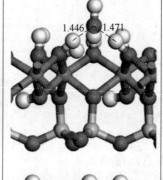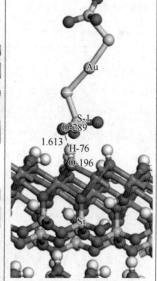

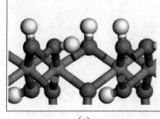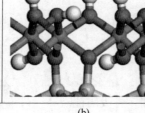

(a)　　　　　　　　　　(b)　　　　　　　　　　(c)

图 4.31　吸附物在高岭石（001）面的几何吸附结构

(a) 水分子；(b) 氢氧根离子；(c) $Au(S_2O_3)_2^{3-}$

表 4.16　吸附物在高岭石（001）面的吸附能

吸附物	H_2O	OH^-	$Au(S_2O_3)_2^{3-}$
吸附能/kJ·mol^{-1}	−33.51	−480.91	−438.01

4.2.3.4　高岭石晶体电子结构分析

在高岭石（001）面 $Au(S_2O_3)_2^{3-}$ 发生了吸附，$Au(S_2O_3)_2^{3-}$ 的吸附发生在高岭石（001）面的 H-76 与 O-289 之间，见表 4.17。

由表 4.17 可知，$Au(S_2O_3)_2^{3-}$ 在高岭石（001）面吸附后，S-1 原子的 3s 和 3p 轨道的电子数分别从 1.21 e 增加到 1.25 e 及 2.63 e 增加到 2.66 e，总电子数从 3.84 e 增加到 3.92 e，增加了 0.08 e；O-289 原子 2s 轨道的电子数没有变化，而 2p 轨道的电子数从 5.12 e 减少到 5.04 e，总电子数从 7.00 e 减少到 6.93 e，减少了 0.07 e；H-76 原子的 1s 轨道的电子数从 0.52 e 增加到 0.58 e，总电子数从 0.52 e 增加到 0.58 e，增加了 0.06 e；O-196 原子 2s 轨道的电子数没有变化，而 2p 轨道的电子数从 5.23 e 减少到 5.21 e，总电子数从 7.06 e 减少到 7.04 e，减少了 0.02 e。这说明：$Au(S_2O_3)_2^{3-}$ 上的 O-289 原子的电子部分转移到了高岭石表面的 H-76 原子上，部分转移到了 $Au(S_2O_3)_2^{3-}$ 的 S-1 原子上；高岭石表面

O-196原子上的电子部分转换到了 H-76 原子上。表明 $Au(S_2O_3)_2^{3-}$ 与高岭石
(001) 面相互转移的电荷量较少，吸附作用较弱。$Au(S_2O_3)_2^{3-}$ 吸附在高岭石
(001) 面的键的布居分析见表 4.18。

表 4.17 $Au(S_2O_3)_2^{3-}$ 在高岭石（001）面的 Mulliken 布居分析

原子	状态	s 轨道电子数/e	p 轨道电子数/e	总电子数/e	电荷数/e
S-1	吸附前	1.21	2.63	3.84	2.16
	吸附后	1.25	2.66	3.92	2.08
O-289	吸附前	1.89	5.12	7.00	−1.00
	吸附后	1.89	5.04	6.93	−0.93
H-76	吸附前	0.52	—	0.52	0.48
	吸附后	0.58	—	0.58	0.42
O-196	吸附前	1.84	5.23	7.06	−1.06
	吸附后	1.84	5.21	7.04	−1.04

表 4.18 $Au(S_2O_3)_2^{3-}$ 吸附在高岭石（001）面的键的布居分析

键	状态	布居值	键长/nm
S-1—O-289	吸附前	0.51	0.146
	吸附后	0.50	0.149
H-76—O-289	吸附后	0.13	0.162
H-76—O-196	吸附前	0.56	0.098
	吸附后	0.53	0.101

由图 4.31（c）和表 4.18 可以看出，高岭石与 $Au(S_2O_3)_2^{3-}$ 反应后，
$Au(S_2O_3)_2^{3-}$ 中的 S-1—O-289 键长由 0.146 nm 增加到 0.149 nm，高岭石（001）
面的 H-76—O-196 键长由 0.098 nm 增加到 0.101 nm，这说明在试验过程中
O-289 与 H-76 的键长在变短，二者发生了反应，即 $Au(S_2O_3)_2^{3-}$ 中的 O-289 与高
岭石（001）面的 H-76 反应形成了键，布居值为 0.13，键长为 0.162 nm。从布
居值和键长看，$Au(S_2O_3)_2^{3-}$ 中的 O 原子与高岭石（001）面的 H 原子的成键作
用较弱。

5 焙烧作用下石英与金、氰化金的作用

石英是金矿石中最主要的脉石矿物之一。金在高温活化作用下，可能与石英相互作用，导致金回收难度增大，因此研究焙烧对石英与金作用的影响具有重要意义。本试验以石英为研究对象，考查了焙烧条件及硫化矿（黄铁矿、黄铜矿、方铅矿及毒砂）对石英与金相互作用的影响。具体内容包括：对含金样品进行焙烧，并对焙渣进行氰化浸出试验；对不含金样品进行焙烧，并对焙渣进行氰化金吸附试验；对石英与金进行量子化学计算。

5.1 含金样品焙烧—氰化浸出试验

5.1.1 含金焙渣的氰化浸出试验

含金焙渣的制备条件：矿样磨矿细度为-0.074 mm 占 90% 以上，焙烧时间为 1 h、2 h、3 h、4 h，石英与金粉用量比为 5∶0.04，黄铁矿、石英与金粉用量比为 3.6∶1.4∶0.04，黄铁矿、黄铜矿、石英与金粉用量比为 3.6∶0.02∶1.4∶0.04，黄铁矿、黄铜矿、方铅矿、石英与金粉用量比为 3.6∶0.02∶0.01∶1.4∶0.04；黄铜矿、石英与金粉用量比为 2∶3∶0.02，毒砂、石英与金粉用量比为 3.6∶1.4∶0.04。

取含金焙渣 2.5 g，在矿浆浓度为 11.11%，浸出时间为 8 h，转速为 500 r/min，矿浆 pH 值为 11 及 KCN 浓度为 0.01 mol/L 的条件下，进行含金焙渣的氰化浸出试验，考查焙烧温度对含金焙渣氰化浸金效果的影响。

5.1.1.1 石英+金粉焙渣的浸出试验

对石英+金粉焙渣（焙烧时间分别为 1 h、2 h、3 h 及 4 h）进行氰化浸出试验，考查焙烧温度对氰化浸金效果的影响，结果如图 5.1 所示。

由图 5.1 可知，与室温样品金的浸出率相比，随着样品焙烧时间和焙烧温度的增加，石英+金粉焙渣中金的浸出率呈降低趋势。经 1 h 焙烧后的焙渣，随着温度的升高，金的浸出率下降，这说明高温活化了石英，导致石英与金相互作用，从而使焙渣中的金难以被氰化物浸出；经 2 h、3 h、4 h 焙烧后的焙渣，在 600~700 ℃ 下焙烧得到的焙渣的金的浸出率下降，而在 700~750℃ 下焙烧得到的焙渣的金的浸出率变化较小，说明焙烧到 700 ℃ 时，石英与金的相互作用较强。

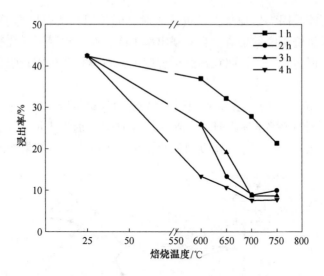

图 5.1 石英+金粉焙渣的氰化浸出结果

这与黎文辉等人[83]的研究结果一致，他们对贵州某金矿石进行了氧化焙烧—氰化浸出试验，发现石英及硅酸盐等脉石矿物对金有束缚作用，会导致金的浸出率降低。

5.1.1.2 石英+金粉+黄铁矿焙渣的浸出试验

对石英+金粉+黄铁矿焙渣（焙烧时间分别为 1 h、2 h、3 h 及 4 h）进行氰化浸出试验，考查焙烧温度对氰化浸金效果的影响，结果如图 5.2 所示。

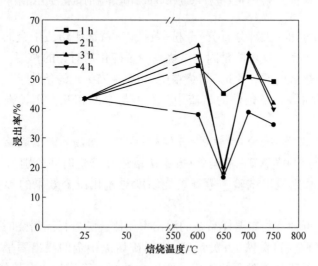

图 5.2 石英+金粉+黄铁矿焙渣的氰化浸出结果

由图 5.2 可知，部分石英+金粉+黄铁矿焙渣中金的浸出率高于室温样品金的浸出率，这可能是因为焙烧减少了黄铁矿对金的作用，从而提高了金的浸出率。同一时间不同焙烧温度的焙渣中金的浸出率下降，在 650 ℃下焙烧得到的焙渣的金的浸出率降低显著，这说明在该焙烧温度下，石英与金作用较强，导致金的浸出率降低。

5.1.1.3   石英+金粉+黄铁矿+黄铜矿焙渣的浸出试验

对石英+金粉+黄铁矿+黄铜矿焙渣（焙烧时间分别为 1 h、2 h、3 h 及 4 h）进行氰化浸出试验，考查焙烧温度对氰化浸金效果的影响，结果如图 5.3 所示。

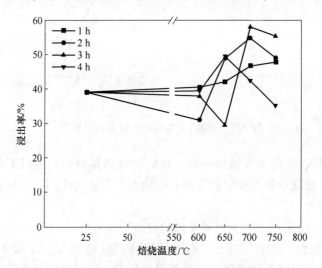

图 5.3   石英+金粉+黄铁矿+黄铜矿焙渣的氰化浸出结果

由图 5.3 可知，大部分石英+金粉+黄铁矿+黄铜矿焙渣中金的浸出率高于室温样品金的浸出率，这可能是因为焙烧减少了硫化矿对金的作用，从而提高了金的浸出率。在焙烧时间为 4 h，焙烧温度为 650~750 ℃的条件下，焙渣中金的浸出率下降，说明该焙烧条件的焙渣中，石英与金的相互作用较强，金的浸出率较低。

5.1.1.4   石英+金粉+黄铁矿+黄铜矿+方铅矿焙渣的浸出试验

对石英+金粉+黄铁矿+黄铜矿+方铅矿焙渣（焙烧时间分别为 1 h、2 h、3 h 及 4 h）进行氰化浸出试验，考查焙烧温度对氰化浸金效果的影响，结果如图 5.4 所示。

由图 5.4 可知，与室温样品金的浸出率相比，随着样品焙烧时间、焙烧温度的增加，石英+金粉+黄铁矿+黄铜矿+方铅矿焙渣中金的浸出率呈增加趋势。可能是焙烧降低了硫化矿对金的作用，所以金的浸出率增加。在焙烧温度为 700~750 ℃时分别焙烧 2 h、3 h 及 4 h 所得焙渣的金的浸出率均有所降低，说明在该焙烧温度范围内石英与金发生了作用。

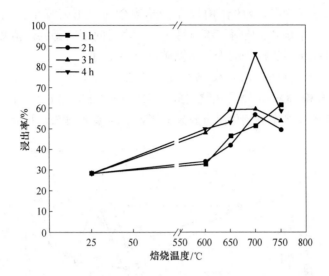

图 5.4   石英+金粉+黄铁矿+黄铜矿+方铅矿焙渣的氰化浸出结果

5.1.1.5 石英+金粉+黄铜矿焙渣的浸出试验

对石英+金粉+黄铜矿焙渣（焙烧时间分别为1 h、2 h、3 h及4 h）进行氰化浸出试验，考查焙烧温度对氰化浸金效果的影响，结果如图5.5所示。

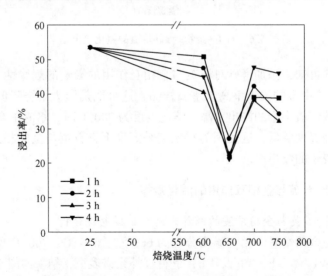

图 5.5   石英+金粉+黄铜矿焙渣的氰化浸出结果

由图5.5可知，与室温样品金的浸出率相比，随着焙烧温度的增加，石英+金粉+黄铜矿焙渣中金的浸出率降低。当焙烧温度为600~650 ℃时，随着焙烧时间的增加，金的浸出率下降；当焙烧温度为650 ℃时，金的浸出率较低，说明在该焙烧温度下，石英与金的作用较强，导致金的浸出率降低；当焙烧温度为700~750 ℃时，焙烧4 h所得焙渣与另3个焙烧时间下所得的焙渣相比，金的浸出率高，这可能是因为焙烧减少了黄铜矿对金的作用。

5.1.1.6   石英+金粉+毒砂焙渣的浸出试验

对石英+金粉+毒砂焙渣（焙烧时间分别为1 h、2 h、3 h及4 h）进行氰化浸出试验，考查焙烧温度对氰化浸金效果的影响，结果如图5.6所示。

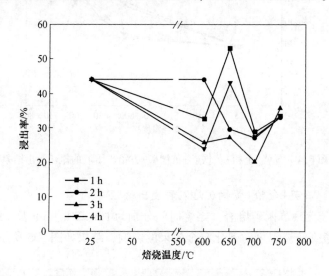

图5.6   石英+金粉+毒砂焙渣的氰化浸出结果

由图5.6可知，添加毒砂对石英与金相互作用的影响的规律性不强。石英+金粉+毒砂焙渣中金的浸出率高于室温样品，这可能是因为焙烧降低了毒砂对金的作用，导致焙渣中金的浸出率高。焙烧温度为700 ℃时，焙渣中金的浸出率比其他3个焙烧温度的低，这是因为在该焙烧温度下，石英与金的相互作用较强，降低了氰化浸金的浸出率。

5.1.2   焙烧对石英与金相互作用的活化规律

5.1.2.1   石英与金粉焙渣的红外光谱及扫描电镜分析

对石英与金粉焙渣（焙烧温度分别为600 ℃、650 ℃、700 ℃及750 ℃，焙烧时间分别为1 h、2 h、3 h及4 h）进行红外光谱表征，结果如图5.7所示。

由图5.7（a）可知，石英中1165 cm^{-1}、1082 cm^{-1}处的峰为Si—O cm^{-1}键的反对称伸缩振动峰，777 cm^{-1}、694 cm^{-1}处的峰为Si—O—Si键的对称伸缩振动峰，459 cm^{-1}处的峰为Si—O键的弯曲振动峰。由图5.7（b）可知，焙烧温度为750 ℃时，出现了668 cm^{-1}、592 cm^{-1}新弱峰。由图5.7（c）可知，焙烧温度为600 ℃时，出现了670 cm^{-1}、592 cm^{-1}新弱峰；焙烧温度为700 ℃时，出现了

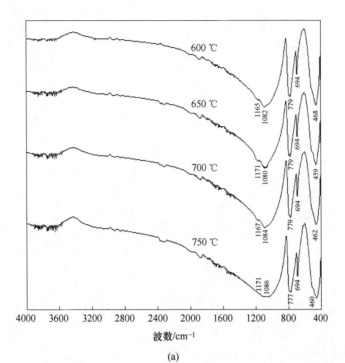

(a)

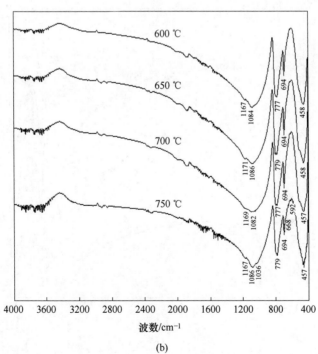

(b)

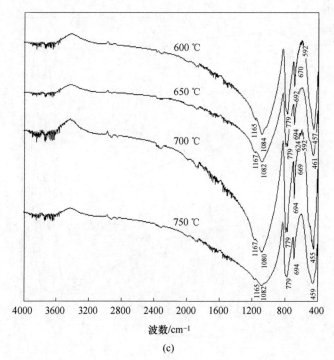

(c)

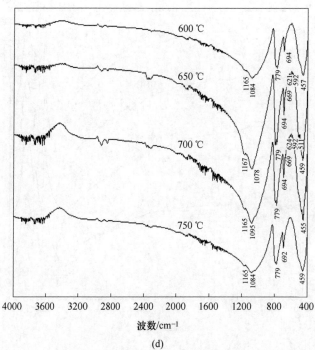

(d)

图 5.7　石英与金粉焙渣的红外光谱

（a）焙烧 1 h；（b）焙烧 2 h；（c）焙烧 3 h；（d）焙烧 4 h

669 cm^{-1}、624 cm^{-1}、592 cm^{-1}新弱峰。由图 5.7（d）可知，焙烧温度为 650 ℃时，出现了 669 cm^{-1}、621 cm^{-1}、592 cm^{-1}新弱峰；焙烧温度为 700 ℃时，出现了 669 cm^{-1}、624 cm^{-1}、592 cm^{-1}新弱峰。综上可见，焙烧时间越长和焙烧温度越高，新弱峰越容易出现，表明石英与金在焙烧中的热化学活化作用下发生了相互作用。

对石英与金粉焙渣（焙烧温度为 700 ℃，焙烧时间为 4 h）进行扫描电镜和能谱分析，结果如图 5.8 所示。

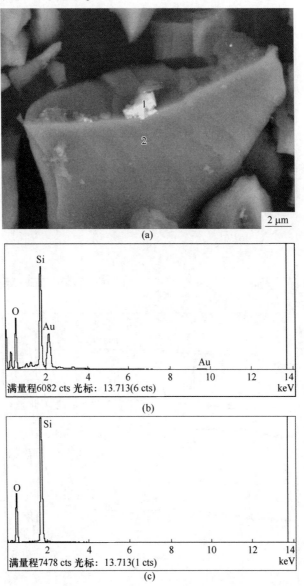

图 5.8 在 700 ℃下焙烧 4 h 所得石英与金粉焙渣的扫描电镜图和能谱图

(a) 扫描电镜图；(b) 金粉的能谱图；(c) 石英的能谱图

图5.8中，1主要为金粉，2为石英。由图5.8（a）可知，石英表面致密光滑，金粉表面有深灰色石英附着；金粉吸附在石英矿物表面，与石英表面紧密结合。

5.1.2.2　石英+金粉+黄铁矿焙渣的红外光谱分析

对石英+金粉+黄铁矿焙渣（焙烧温度分别为600 ℃、650 ℃、700 ℃及750 ℃，焙烧时间分别为1 h、2 h、3 h及4 h）进行红外光谱表征，结果如图5.9所示。

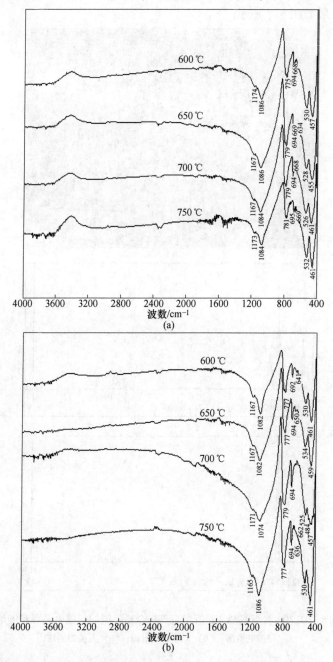

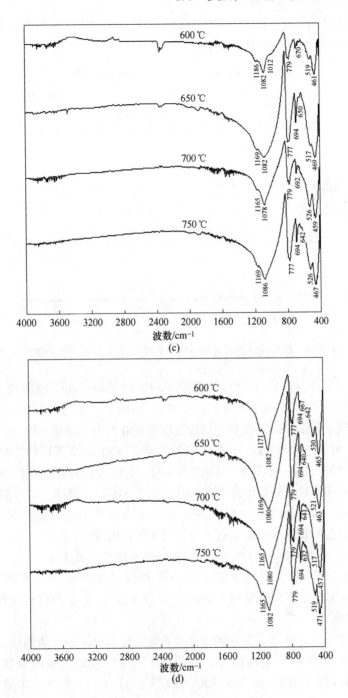

图 5.9 石英+金粉+黄铁矿焙渣的红外光谱

(a) 焙烧 1 h; (b) 焙烧 2 h; (c) 焙烧 3 h; (d) 焙烧 4 h

对样品在 600 ℃、650 ℃、700 ℃及 750 ℃下焙烧 1 h 的焙渣分别进行 X 射线衍射检测，结果如图 5. 10 所示。

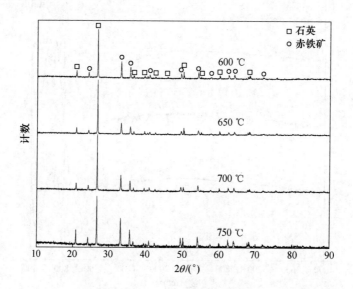

图 5. 10   石英+金粉+黄铁矿焙烧 1 h 后所得焙渣的 XRD 检测结果

由图 5.9 （a）可知，在各焙烧温度下均出现了 669 cm⁻¹新弱峰，尤其在焙烧温度为 650 ℃时，出现了 634 cm⁻¹新峰。由图 5.9 （b）可知，焙烧温度为 750 ℃时出现了 662 cm⁻¹新弱峰，焙烧温度为 650 ℃时出现了 650 cm⁻¹新峰。由图 5.9 （c）可知，焙烧温度为 600 ℃时出现了 670 cm⁻¹新弱峰，焙烧温度为 650 ℃时出现了 650 cm⁻¹新峰。由图 5.9 （d）可知，焙烧温度为 600 ℃时出现了 667 cm⁻¹新弱峰，且在焙烧温度 700 ℃时出现了 641 cm⁻¹新峰。结合图 5. 10 XRD 检测结果发现，641 cm⁻¹附近出现的新峰为赤铁矿的 Fe—O 键的伸缩振动峰，669 cm⁻¹处出现的新弱峰归属于石英与金相互作用的峰。

5.1.2.3   石英+金粉+黄铁矿+黄铜矿焙渣的红外光谱分析

对石英+金粉+黄铁矿+黄铜矿焙渣（焙烧温度分别为 600 ℃、650 ℃、700 ℃及 750 ℃，焙烧时间分别为 1 h、2 h、3 h 及 4 h）进行红外光谱表征，结果如图 5. 11 所示。

由图 5. 11 （a）可知，在各焙烧温度下均出现了 669 cm⁻¹新弱峰，尤其在焙烧温度为 600 ℃时峰形更加明显。由图 5. 11 （b）可知，焙烧温度为 650 ℃、750 ℃时，均出现了 670 cm⁻¹新弱峰。由图 5. 11 （c）可知，在焙烧温度为 650 ℃、700 ℃、750 ℃时均出现了 669 cm⁻¹新弱峰。由图 5. 11 （d）可知，在焙烧温度为 650 ℃、700 ℃时，均出现了 669 cm⁻¹新弱峰。加入黄铜矿后，在 669 cm⁻¹处出现振动峰，说明石英与金发生了相互作用。

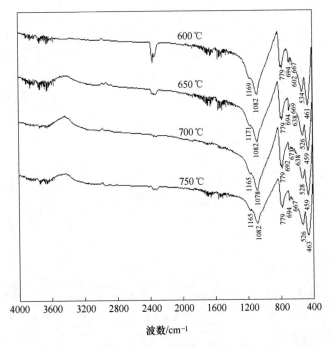

波数/cm⁻¹

(a)

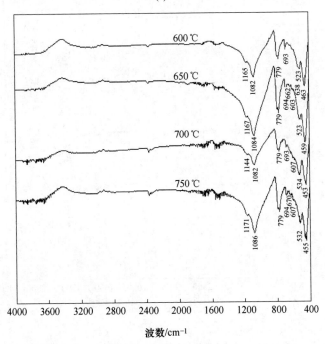

波数/cm⁻¹

(b)

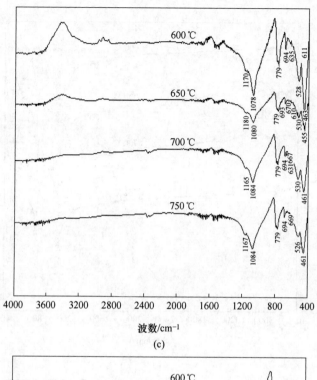

(c)

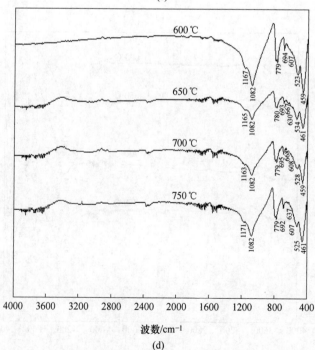

(d)

图 5.11　石英+金粉+黄铁矿+黄铜矿焙渣的红外光谱

(a) 焙烧 1 h；(b) 焙烧 2 h；(c) 焙烧 3 h；(d) 焙烧 4 h

5.1.2.4 石英+金粉+黄铁矿+黄铜矿+方铅矿焙渣的红外光谱、扫描电镜及能谱分析

对石英+金粉+黄铁矿+黄铜矿+方铅矿焙渣（焙烧温度分别为 600 ℃、650 ℃、700 ℃ 及 750 ℃，焙烧时间分别为 1 h、2 h、3 h 及 4 h）进行红外光谱表征，结果如图 5.12 所示。

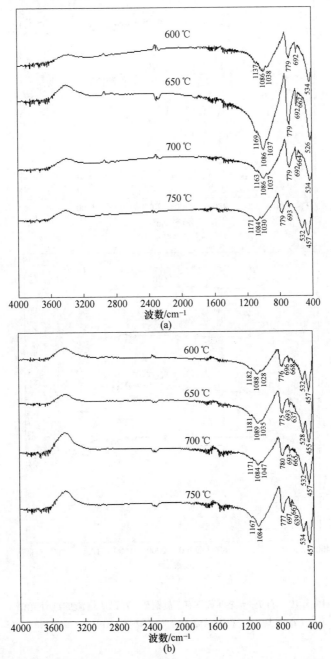

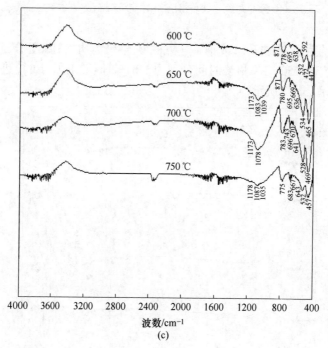

(c)

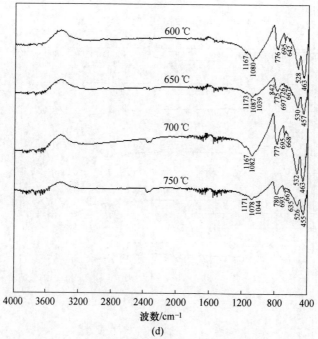

(d)

图 5.12　石英+金粉+黄铁矿+黄铜矿+方铅矿焙渣的红外光谱

（a）焙烧 1 h；（b）焙烧 2 h；（c）焙烧 3 h；（d）焙烧 4 h

由图 5.12 可知，在焙烧 1 h 的情况下，在 600~500 cm^{-1} 处出现了许多弱峰，焙烧温度为 650 ℃、700 ℃ 时，出现了 662 cm^{-1}、664 cm^{-1} 新弱峰；在焙烧 2 h 的情况下，焙烧温度为 600 ℃、700 ℃、750 ℃ 时，出现了 668 cm^{-1}、665 cm^{-1}、667 cm^{-1} 新峰；在焙烧 3 h 的情况下，焙烧温度为 650 ℃、700 ℃、750 ℃ 时，出现了 669 cm^{-1}、670 cm^{-1}、667 cm^{-1} 新峰；在焙烧4 h 的情况下，焙烧温度为 650 ℃、700 ℃、750 ℃ 时，出现了 667 cm^{-1}、668 cm^{-1}、667 cm^{-1} 新峰。加入方铅矿后，在 667 cm^{-1} 处出现振动峰，说明石英与金发生了相互作用。

对石英+金粉+黄铁矿+黄铜矿+方铅矿焙渣（焙烧温度为 700 ℃，焙烧时间为 4 h）进行扫描电镜和能谱分析，结果如图 5.13 所示。

(a)

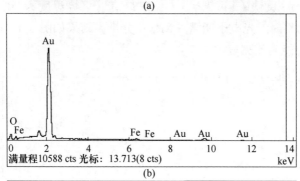

(b)

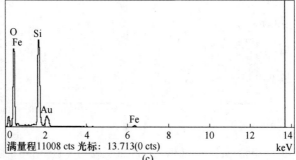

(c)

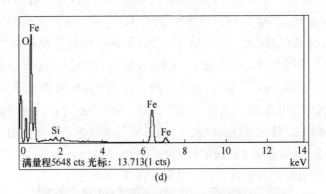

图 5.13 石英+金粉+黄铁矿+黄铜矿+方铅矿焙渣的扫描电镜图和能谱图

（a）扫描电镜图；（b）~（d）能谱图

  添加黄铁矿（焙烧过程中氧化为赤铁矿）等硫化矿后焙烧时出现了烧结现象。黄铁矿经焙烧后表面结构发生了变化：表面疏松多孔，与金粉紧密包裹在一起，同时有部分颗粒附着在金粉、石英表面；小颗粒石英与金粉紧密结合，结合图 5.13 可知，石英表面有金粉吸附；图 5.13 中有微米级球形晶体状金粉以独立形式存在，与其相比，与石英、赤铁矿紧密结合的金粉则表面粗糙，有明显的石英和赤铁矿作用凹陷。

  对石英+金粉+黄铁矿+黄铜矿+方铅矿焙渣（焙烧温度为 700 ℃，焙烧时间为 4 h）进行了 X 射线光电子能谱（XPS）分析，结果如图 5.14 和图 5.15 所示。XPS 各元素结合能对比见表 5.1。

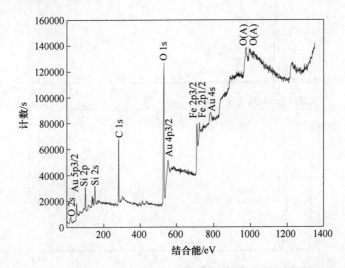

图 5.14 石英+金粉+黄铁矿+黄铜矿+方铅矿焙渣的 X 射线光电子能谱总图

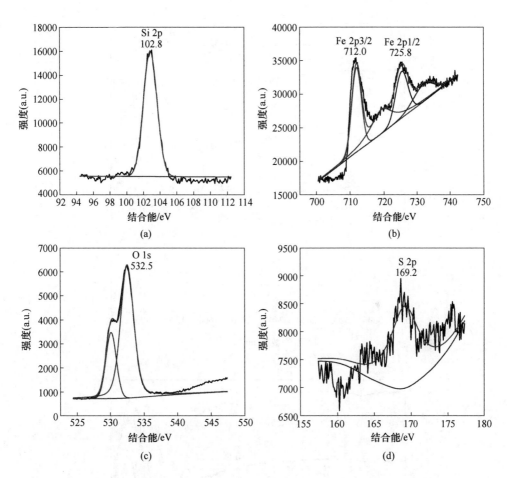

图 5.15 石英+金粉+黄铁矿+黄铜矿+方铅矿焙渣的 X 射线光电子能谱分峰图

表 5.1 XPS 各元素结合能对比表 (eV)

元素电子层	Si 2p	Fe 2p	O 1s	S 2p
实测值	102.8	725.8、712.0	532.5	169.2
标准值	103.4	724.3、710.7	531.6	164.1

对此样品进行了 XPS 检测，未能分出 Au 的能谱。

5.1.2.5 石英+金粉+黄铜矿焙渣的红外光谱分析

对石英+金粉+黄铜矿焙渣（焙烧温度分别为 600 ℃、650 ℃、700 ℃ 及 750 ℃,焙烧时间分别为 1 h、2 h、3 h 及 4 h）进行红外光谱表征，结果如图 5.16 所示。

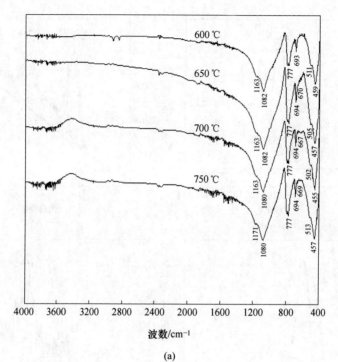

(a)

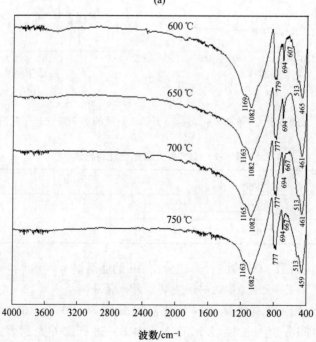

(b)

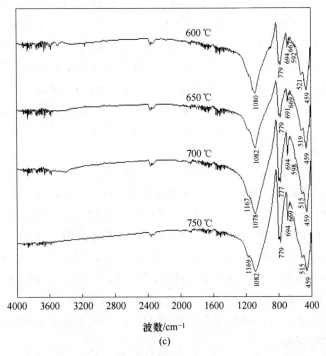

波数/cm⁻¹

(c)

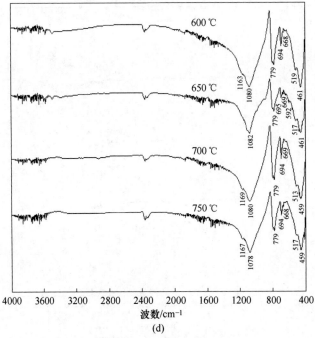

波数/cm⁻¹

(d)

图 5.16 石英+金粉+黄铜矿焙渣的红外光谱

(a) 焙烧 1 h；(b) 焙烧 2 h；(c) 焙烧 3 h；(d) 焙烧 4 h

由图 5.16 可知，在焙烧 1 h 的情况下，焙烧温度为 650 ℃、700 ℃、750 ℃时，均出现了 669 cm⁻¹ 新弱峰；在焙烧 2 h 的情况下，焙烧温度为 700 ℃、750 ℃时，均出现了 667 cm⁻¹ 新弱峰；在焙烧 3 h 的情况下，焙烧温度为 600 ℃、650 ℃、750 ℃时，均出现了 669 cm⁻¹ 新弱峰；在焙烧 4 h 的情况下，焙烧温度为 600 ℃、650 ℃、700 ℃、750 ℃时，均出现了 669 cm⁻¹ 新弱峰。在焙烧 3 h 和 4 h 的情况下，焙烧温度为 600 ℃、650 ℃时出现的峰相对明显，这表明焙烧时间越长，石英与金相互作用越强。结合氰化浸出试验与红外光谱表征分析，发现焙烧温度为 650 ℃时石英与金作用较强。

5.1.2.6　石英+金粉+毒砂焙渣的红外光谱分析

对石英+金粉+毒砂焙渣（焙烧温度分别为 600 ℃、650 ℃、700 ℃及 750 ℃，焙烧时间分别为 1 h、2 h、3 h 及 4 h）进行红外光谱表征，结果如图 5.17 所示。

由图 5.17 可知，在焙烧 1 h 的情况下，焙烧温度为 750 ℃时，出现了 669 cm⁻¹ 新弱峰；在焙烧 3 h 的情况下，焙烧温度为 700 ℃、750 ℃时，均出现了 669 cm⁻¹ 新弱峰；在焙烧 4 h 的情况下，焙烧温度为 750 ℃时，出现了 669 cm⁻¹ 新弱峰。部分红外光谱在 900 cm⁻¹、641 cm⁻¹、418 cm⁻¹ 附近出现了伸缩振动峰，其中 641 cm⁻¹ 处归属于赤铁矿的 Fe—O 键的伸缩振动峰，418 cm⁻¹ 处归属于毒砂的特征峰。

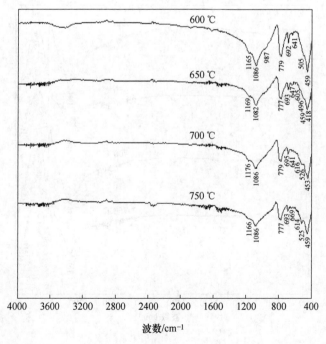

波数/cm⁻¹

(a)

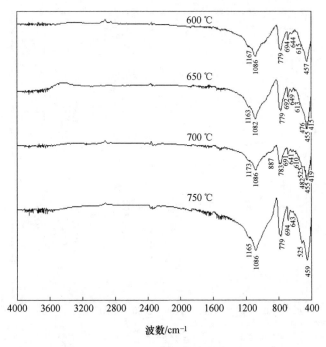

(b)

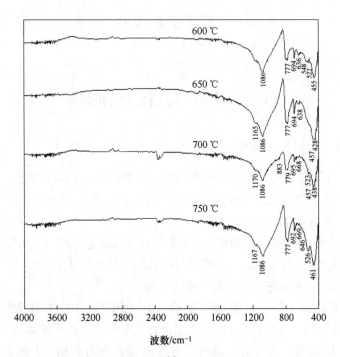

(c)

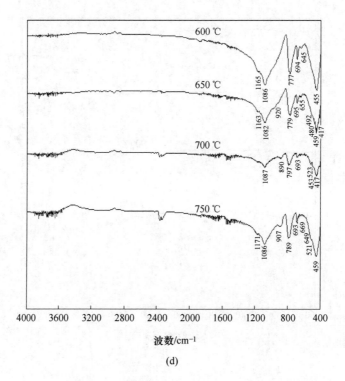

图 5.17   石英+金粉+毒砂焙渣的红外光谱
（a）焙烧 1 h；（b）焙烧 2 h；（c）焙烧 3 h；（d）焙烧 4 h

5.2   焙渣与氰化金的吸附

5.2.1   焙渣与氰化金的吸附试验

焙渣的制备条件为：矿物磨矿细度为 −0.074 mm 占 90% 以上，焙烧温度为 600 ℃、650 ℃、700 ℃ 及 750 ℃，焙烧时间为 1 h、2 h、3 h 及 4 h，石英用量为 5 g，黄铁矿与石英的用量比为 3.6∶1.4，黄铁矿、黄铜矿与石英的用量比为 3.6∶0.02∶1.4，黄铁矿、黄铜矿、方铅矿与石英的用量比为 3.6∶0.02∶0.01∶1.4，黄铜矿与石英的用量比为 2∶3，毒砂与石英的用量比为 3.6∶1.4。

5.2.1.1   石英焙渣对氰化金的吸附试验

进行石英焙渣（焙烧温度分别为 600 ℃、650 ℃、700 ℃ 及 750 ℃，焙烧时间分别为 1 h、2 h、3 h 及 4 h）对氰化金的吸附试验，结果如图 5.18 所示。

由图 5.18 可知，与室温石英对金的吸附量和吸附率相比，随着焙烧时间的增加和焙烧温度的升高，石英焙渣对氰化金的吸附量与吸附率均呈上升趋势，这

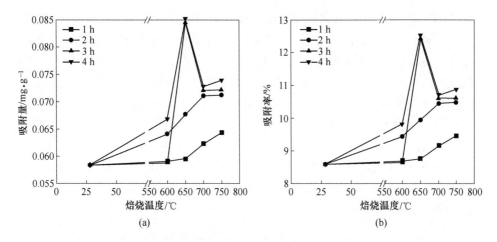

图 5.18　石英焙渣对氰化金的吸附试验结果

（a）焙烧时间和焙烧温度对吸附量的影响；（b）焙烧时间和焙烧温度对吸附率的影响

表明经高温活化后的石英对氰化金的吸附作用逐渐增强。在焙烧时间为 1~2 h 时，随着焙烧温度的升高，焙渣对氰化金的吸附量和吸附率均逐渐增加；在焙烧时间为 2 h 时，随着焙烧温度的升高，焙渣对氰化金的吸附量和吸附率也均逐渐增加，但在焙烧温度升高到 700~750 ℃时吸附量和吸附率基本不变；在焙烧时间分别为 3 h 和 4 h 时，焙烧温度为 650 ℃时的焙渣对氰化金的吸附量和吸附率显著升高，这表明在该焙烧温度下石英焙渣对氰化金的吸附作用增强。

5.2.1.2　石英+黄铁矿焙渣对氰化金的吸附试验

进行石英+黄铁矿焙渣（焙烧温度分别为 600 ℃、650 ℃、700 ℃及 750 ℃，焙烧时间分别为 1 h、2 h、3 h 及 4 h）对氰化金的吸附试验，结果如图 5.19 所示。

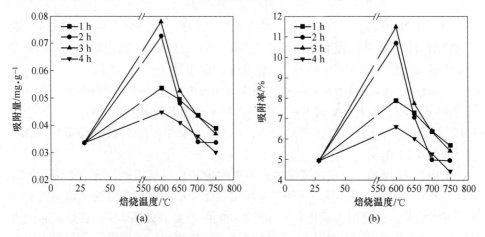

图 5.19　石英+黄铁矿焙渣对氰化金的吸附试验结果

（a）焙烧时间和焙烧温度对吸附量的影响；（b）焙烧时间和焙烧温度对吸附率的影响

由图 5.19 可知，与室温试样对金的吸附量和吸附率相比，随着焙烧温度的升高，石英+黄铁矿焙渣对氰化金的吸附量与吸附率均呈先上升后下降的趋势。这是因为黄铁矿与石英矿物之间发生了交互作用，在焙烧温度为 600 ℃时，交互作用比焙渣中的石英与氰化金的作用弱，所以吸附量和吸附率均高；但是随着焙烧时间的增加和焙烧温度的升高，交互作用比焙渣中的石英与氰化金的作用强，所以吸附量和吸附率均降低。

5.2.1.3　石英+黄铁矿+黄铜矿焙渣对氰化金的吸附试验

进行石英+黄铁矿+黄铜矿焙渣（焙烧温度分别为 600 ℃、650 ℃、700 ℃及750 ℃，焙烧时间分别为 1 h、2 h、3 h 及 4 h）对氰化金的吸附试验，结果如图5.20 所示。

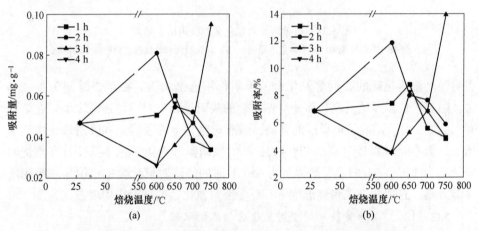

图 5.20　石英+黄铁矿+黄铜矿焙渣对氰化金的吸附试验结果
(a) 焙烧时间和焙烧温度对吸附量的影响；(b) 焙烧时间和焙烧温度对吸附率的影响

由图 5.20 可知，焙渣对氰化金吸附的规律不强。大部分石英+黄铁矿+黄铜矿焙渣对氰化金的吸附量和吸附率均呈下降趋势，这是因为硫化矿与石英矿物之间发生的交互作用比焙渣中的石英与氰化金的作用强。

5.2.1.4　石英+黄铁矿+黄铜矿+方铅矿焙渣对氰化金的吸附试验

进行石英+黄铁矿+黄铜矿+方铅矿焙渣（焙烧温度分别为 600 ℃、650 ℃、700 ℃及 750 ℃，焙烧时间分别为 1 h、2 h、3 h 及 4 h）对氰化金的吸附试验，结果如图 5.21 所示。

由图 5.21 可知，与室温试样对金的吸附量和吸附率相比，随着焙烧温度的升高，石英+黄铁矿+黄铜矿+方铅矿焙渣对氰化金的吸附量与吸附率均呈先上升后下降的趋势。这是因为硫化矿与石英矿物之间发生了交互作用，在焙烧温度为600 ℃时，交互作用比焙渣中的石英与氰化金的作用弱，所以吸附量和吸附率均

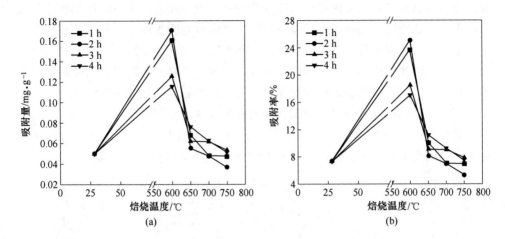

图 5.21 石英+黄铁矿+黄铜矿+方铅矿焙渣对氰化金的吸附试验结果
（a）焙烧时间和焙烧温度对吸附量的影响；（b）焙烧时间和焙烧温度对吸附率的影响

高；但是随着焙烧温度的升高，交互作用比焙渣中的石英与氰化金的作用强，所以吸附量和吸附率均降低。

5.2.1.5 石英+黄铜矿焙渣对氰化金的吸附试验

进行石英+黄铜矿焙渣（焙烧温度分别为 600 ℃、650 ℃、700 ℃ 及 750 ℃，焙烧时间分别为 1 h、2 h、3 h 及 4 h）对氰化金的吸附试验，结果如图 5.22 所示。

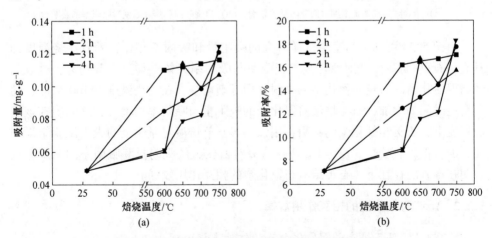

图 5.22 石英+黄铜矿焙渣对氰化金的吸附试验结果
（a）焙烧时间和焙烧温度对吸附量的影响；（b）焙烧时间和焙烧温度对吸附率的影响

由图 5.22 可知，与室温试样对金的吸附量和吸附率相比，随着焙烧温度的升高，石英+黄铜矿焙渣对氰化金的吸附量与吸附率均呈上升趋势，这表明经高温活化后的石英与氰化金的吸附作用逐渐增强。但是随着焙烧时间增加各个焙烧温度下的金的吸附量与吸附率均是下降的，这可能是因为高温活化了石英与黄铜矿，使石英与黄铜矿发生了交互作用，这种作用低于石英与氰化金的吸附作用。与石英焙渣对氰化金的吸附试验结果相比，石英+黄铜矿焙渣对金的吸附量和吸附率均升高，这表明在黄铜矿的存在下，石英焙渣易与氰化金发生作用。

5.2.1.6   石英+毒砂焙渣对氰化金的吸附试验

进行石英+毒砂焙渣（焙烧温度分别为 600 ℃、650 ℃、700 ℃及 750 ℃，焙烧时间分别为 1 h、2 h、3 h 及 4 h）对氰化金的吸附试验，结果如图 5.23 所示。

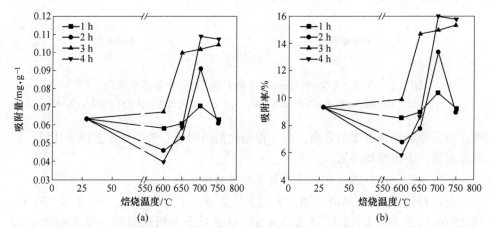

图 5.23   石英+毒砂焙渣对氰化金的吸附试验结果

（a）焙烧时间和焙烧温度对面吸附量的影响；（b）焙烧时间和焙烧温度对吸附率的影响

由图 5.23 可知，与室温试样对金的吸附量和吸附率相比，随着焙烧温度的升高，石英+毒砂焙渣对氰化金的吸附量与吸附率大体上均呈上升趋势，这表明经高温活化后的石英对氰化金的吸附作用逐渐增强。在焙烧温度为 700 ℃时，随着焙烧时间的增加，石英焙渣对氰化金的吸附量与吸附率均增加，这表明在该焙烧温度下，石英与氰化金的吸附作用强。与石英焙渣对氰化金的吸附试验结果相比，加入毒砂后焙烧 3 h 和 4 h 所得焙渣对氰化金的吸附量和吸附率均增加，这表明在毒砂的存在下，石英焙渣与氰化金的相互作用较强。

5.2.2   焙渣与氰化金的相互作用规律

5.2.2.1   石英焙渣吸附氰化金后的红外光谱分析

分别对在 600 ℃、650 ℃、700 ℃及 750 ℃下焙烧 3 h 的石英焙渣进行氰化金搅拌吸附试验，然后对搅拌后的固体试样进行红外光谱表征，结果如图 5.24 所示。

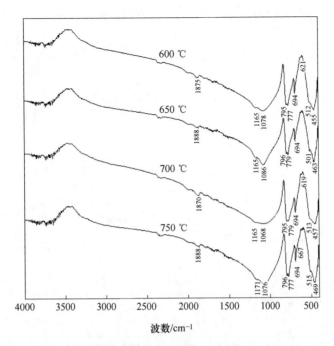

图5.24 石英焙渣吸附氰化金后的红外光谱

由图5.24可知，750℃下焙烧3 h所得的石英焙渣吸附氰化金后的试样出现了667 cm^{-1}新弱峰，结合石英焙渣对氰化金的吸附试验结果，说明随着焙烧温度的升高，石英焙渣对氰化金的作用增强，667 cm^{-1}处的吸收峰归属于石英与金作用的峰。

5.2.2.2 石英+黄铁矿焙渣吸附氰化金后的红外光谱分析

分别对在600℃、650℃、700℃及750℃下焙烧3 h的石英+黄铁矿焙渣进行氰化金的搅拌吸附试验，然后对搅拌后的固体试样进行红外光谱表征，结果如图5.25所示。

由图5.25可知，在640 cm^{-1}附近出现的新峰为赤铁矿的Fe—O键的伸缩振动峰；在石英694 cm^{-1}吸收峰附近出现的674 cm^{-1}新弱峰和在736 cm^{-1}处出现的新峰都归属于石英与黄铁矿（赤铁矿）相互作用的吸收峰600℃、650℃及750℃下焙烧3 h所得的黄铁矿+石英焙渣吸附氰化金后的试样中都出现的667 cm^{-1}新弱峰归属于石英与金作用的峰。

5.2.2.3 石英+黄铁矿+黄铜矿焙渣吸附氰化金后的红外光谱分析

分别对在600℃、650℃、700℃及750℃下焙烧3 h的石英+黄铁矿+黄铜矿焙渣进行氰化金的搅拌吸附试验，然后对搅拌后的固体试样进行红外光谱表征，结果如图5.26所示。

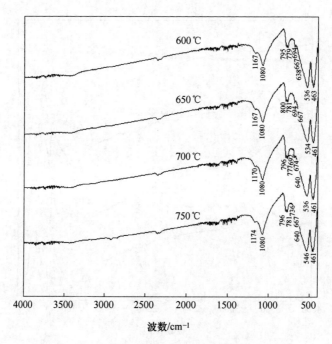

图 5.25 石英+黄铁矿焙渣吸附氰化金后的红外光谱

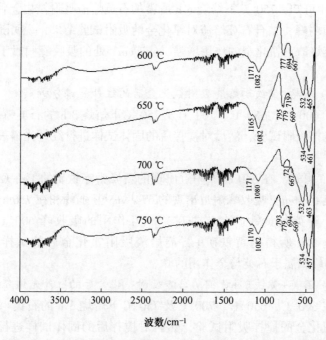

图 5.26 石英+黄铁矿+黄铜矿焙渣吸附氰化金后的红外光谱

由图 5.26 可知，在 721 cm⁻¹ 处出现的新峰归属于石英与硫化矿相互作用的吸收峰；在 600 ℃、650 ℃、700 ℃ 及 750 ℃ 下焙烧 3 h 所得的石英+黄铁矿+黄铜矿焙渣吸附氰化金后的试样中出现的 667 cm⁻¹ 或 669 cm⁻¹ 新峰归属于石英与金作用的峰，说明经高温活化后的石英与氰化金发生了吸附作用。

5.2.2.4 石英+黄铁矿+黄铜矿+方铅矿焙渣吸附氰化金后的红外光谱分析

分别对在 600 ℃、650 ℃、700 ℃ 及 750 ℃ 下焙烧 3 h 的石英+黄铁矿+黄铜矿+方铅矿焙渣进行氰化金的搅拌吸附试验，然后对搅拌后的固体试样进行红外光谱表征，结果如图 5.27 所示。

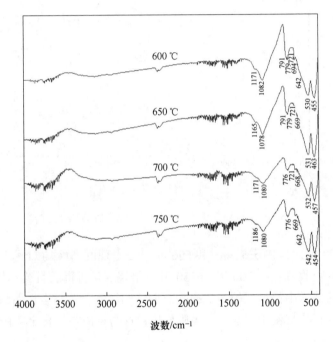

图 5.27　石英+黄铁矿+黄铜矿+方铅矿焙渣吸附氰化金后的红外光谱

由图 5.27 可知，在 642 cm⁻¹ 处出现的新峰为赤铁矿的 Fe—O 键的伸缩振动峰；在 721 cm⁻¹ 处出现的新峰归属于石英与硫化矿相互作用的吸收峰；在 650 ℃、700 ℃ 及 750 ℃ 下焙烧 3 h 所得的石英+黄铁矿+黄铜矿+方铅矿焙渣吸附氰化金后的试样中都出现的 669 cm⁻¹ 新峰归属于石英与金作用的峰。

5.2.2.5 石英+黄铜矿焙渣吸附氰化金后的红外光谱分析

分别对在 600 ℃、650 ℃、700 ℃ 及 750 ℃ 下焙烧 3 h 的石英+黄铜矿焙渣进行氰化金的搅拌吸附试验，然后对搅拌后的固体试样进行红外光谱表征，结果如图 5.28 所示。

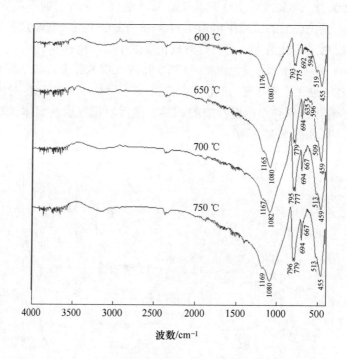

图 5.28   石英+黄铜矿焙渣吸附氰化金后的红外光谱

由图 5.28 可知，在 635 cm⁻¹ 和 596 cm⁻¹ 处出现的新峰均归属于石英与黄铜矿相互作用的吸收峰；在 700 ℃ 和 750 ℃ 下焙烧 3 h 所得的石英+黄铜矿焙渣吸附氰化金后的试样中都出现的 667 cm⁻¹ 新弱峰归属于石英与金作用的峰，说明经高温活化后的石英与氰化金发生了吸附作用。这与焙渣与氰化金吸附试验的结果一致。

5.2.2.6   石英+毒砂焙渣吸附氰化金后的红外光谱分析

分别对在 600 ℃、650 ℃、700 ℃ 及 750 ℃ 下焙烧 3 h 的石英+毒砂焙渣进行氰化金的搅拌吸附试验，然后对搅拌后的固体试样进行红外光谱表征，结果如图 5.29 所示。

由图 5.29 可知，在 640 cm⁻¹ 附近出现的新峰为赤铁矿的 Fe—O 键的伸缩振动峰；在 899 cm⁻¹ 和 884 cm⁻¹ 处出现的新峰归属于石英与毒砂相互作用的吸收峰；在 650 ℃、700 ℃ 及 750 ℃ 下焙烧 3 h 所得的石英+毒砂焙渣吸附氰化金后的试样中都出现的 669 cm⁻¹ 新弱峰归属于石英与金作用的峰，说明经高温活化后的石英与氰化金发生了吸附作用。这与焙渣与氰化金吸附试验的结果一致。

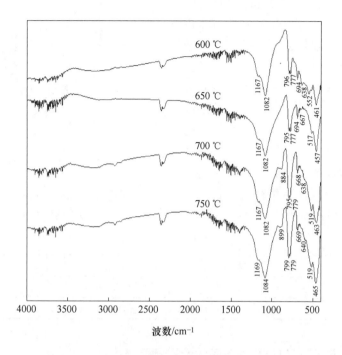

图 5.29 石英+毒砂焙渣与氰化金吸附的红外光谱

5.3 石英与金相互作用的模拟分析

目前模拟软件在选矿领域的应用非常有前景，如 Materials Studio 软件在浮选中就有很大潜能，可用于证明药剂分子与矿物之间存在物理吸附或化学吸附。为了进一步说明焙烧条件下石英与金相互吸附的机理，确定石英与金的理论空间结构，以及证明石英与金的物理或化学作用，参考 American Mineralogist Crystal Structure Database 及文献［84］中在焙烧温度为 700 ℃时的石英晶体结构，利用 Materials Studio 软件中 CASTEP 模块建立了石英与金吸附的模型，并进行了量子化学计算。应用软件模拟指导试验，可以为进一步揭示石英与金的作用方式提供依据。

5.3.1 石英晶体结构优化

基于密度泛函的第一性原理方法，使用 Materials Studio 中的 CASTEP 模块进行石英晶体的交换关联泛函、K 点和平面波截断能收敛性测试。焙烧温度为 700 ℃时的石英的原胞模型如图 5.30 所示。

在能量收敛精度为 Fine 的条件下，通过对焙烧温度为 700 ℃时的石英进行收敛性测试，确定最佳参数为：收敛泛函 GGA-WC，K 点 3×2×2，截断能 440 eV。计算结果中体系总能量为 -2950.77 eV，晶格参数与试验结果的误差为 1.83%。计算结果与试验结果的误差小，由参考文献 [78] 可知，计算优化后的晶格参数误差数据是合理的，说明选取的模拟参数是可行的。石英试验与计算优化对比见表 5.2。

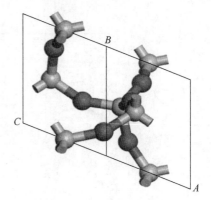

图 5.30　焙烧温度为 700 ℃时石英的原胞模型

表 5.2　石英试验与计算优化对比

参　　数	试验值/nm	优化值/nm	差值/%
A	0.500	0.546	1.64
C	0.508	0.556	1.83

5.3.2　Au 与石英（101）面作用的计算分析

对焙烧温度为 700 ℃时的石英进行原子层和真空层收敛性测试，当石英表面能的变化范围小于 0.05 J/m² 时，确定石英（101）面的最佳原子层和最佳真空层。当原子层厚度为 1.308 nm，真空层厚度为 1.4 nm，石英表面能为 1.23 J/m² 时，石英表面达到稳定状态。对焙烧温度为 700 ℃时的石英进行弛豫，弛豫前后的结果如图 5.31 所示。

5.3.2.1　Au 原子与焙烧温度为 700 ℃时的石英（101）面的吸附作用

A　不同位点的吸附作用测试

在真空条件下，对弛豫后的石英晶体与 Au 原子建立吸附模型，将 Au 原子放在焙烧温度为 700 ℃时的石英（101）面的不同吸附位点上，分别进行量子化学计算。优化后的 Au 原子在石英表面的几何吸附构型如图 5.32 所示。

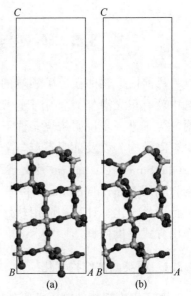

图 5.31　石英（101）面弛豫前后的原胞模型

（a）弛豫前；（b）弛豫后

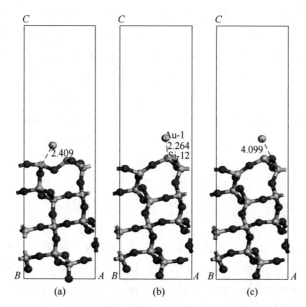

图 5.32 Au 原子在石英 (101) 面的几何吸附构型
(a) Au 原子与左侧 Si 原子吸附图; (b) Au 原子与中间 Si 原子吸附图;
(c) Au 原子与右侧 Si 原子吸附图

由模拟计算可知, 焙烧温度为 700 ℃时的石英晶体 (101) 面上的 O 原子与 Au 原子不发生吸附, 所以进一步考查了焙烧温度为 700 ℃时的石英晶体 (101) 面上的 Si 原子与 Au 原子的吸附情况。由图 5.32 (a) 和图 5.32 (c) 可知, Au 原子未能与 Si 原子作用, 而是向 Si-12 原子靠近。由图 5.32 (b) 可知, Au 原子与 Si-12 原子发生了相互作用, Au 原子在石英 (101) 面的吸附能为 -300.01 kJ/mol, Au-1 与石英表面的 Si-12 的距离为 0.226 nm。

B　Au 原子在石英 (101) 面的 Mulliken 布居分析

Au 原子与石英 (101) 面发生吸附的是 Au-1 与 Si-12, Mulliken 布居分析见表 5.3。

表 5.3　Au 原子在石英 (101) 面的 Mulliken 布居分析

原子	状态	s 轨道电子数/e	p 轨道电子数/e	d 轨道电子数/e	总电子数/e	电荷数/e
Au-1	吸附前	1.25	0.07	9.77	11.08	-0.08
	吸附后	1.28	0.03	9.80	11.10	-0.10
Si-12	吸附前	0.97	1.41	—	2.38	1.62
	吸附后	0.90	1.37	—	2.26	1.74

由表 5.3 可知: Au 原子在石英 (101) 面吸附后, Au-1 原子的 6s 轨道和 5d

轨道的电子数分别从 1.25 e 增加到 1.28 e 和从 9.77 e 增加到 9.80 e，5p 轨道的电子数从 0.07 e 减少到 0.03 e，总电子数从 11.08 e 增加到 11.10 e，增加了 0.02 e；Si-12 原子的 3s 轨道和 3p 轨道的电子数分别从 0.97e 减少到 0.90 e 和从 1.41 e 减少到 1.37 e，总电子数从 2.38 e 减少到 2.26 e，减少了 0.12 e。这说明石英表面 Si-12 的电子转移到了 Au-1 原子上。由模拟得到，Au-1 与石英（101）面的 Si-12 的布居值为 0.73，键长为 0.226 nm。胡雪飞[85]对 Pb 在高岭石（001）面上的吸附位点进行了测试，通过分析发现 Pb 原子轨道的电荷发生了转移，说明高岭石（001）面和 Pb 原子发生了化学吸附。结合 Mulliken 布居分析，发现 Au 原子与石英（101）面的 Si 原子发生了键合作用。

5.3.2.2 $[Au(CN)_2]^-$ 与石英（101）面的吸附作用

A $[Au(CN)_2]^-$ 与 Si-12 的吸附作用测试

首先，对弛豫后的石英晶体建立 2×2×1 超晶胞，然后在真空条件下建立超晶胞与 $[Au(CN)_2]^-$ 的吸附模型，接着分别对 $[Au(CN)_2]^-$ 的不同原子与石英（101）面的 Si-12 原子进行量子化学计算。优化后的 $[Au(CN)_2]^-$ 在石英表面的几何吸附构型如图 5.33 所示。

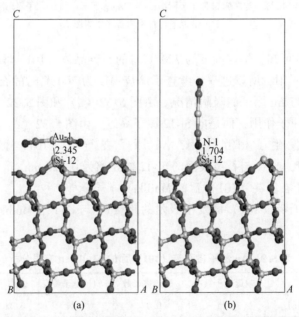

图 5.33 $[Au(CN)_2]^-$ 在石英（101）面的几何吸附构型

(a) Au-1 与 Si-12；(b) N-1 与 Si-12

由图 5.33 可知，石英晶体（101）面上的 Si 原子分别与 $[Au(CN)_2]^-$ 中的 Au 原子和 N 原子发生了作用。其中：图 5.33（a）中的 Au 原子在石英（101）

面的吸附能为–385.46 kJ/mol，Au-1 与石英表面 Si-12 的距离为 0.235 nm；图 5.33（b）中的 N 原子在石英（101）面的吸附能为–502.81 kJ/mol，N-1 与石英表面 Si-12 的距离为 0.170 nm。这与 MOHAMMADNEJAD 等人[86]的研究结果一致，他们进行了金配合物（硫代硫酸金及硫脲金）与石英之间发生作用的化学计算，并利用密度泛函理论（DFT）进行量子化学从头计算得出了在石英表面的金吸收能，解释和证明了在湿法提金过程中导致金损失的化学过程。

B　[Au(CN)$_2$]$^-$在石英（101）面的 Mulliken 布居分析

[Au(CN)$_2$]$^-$中的 Au-1 和 N-1 在石英（101）面吸附的都是 Si-12，其 Mulliken 布居分析分别见表 5.4 和表 5.5。

表 5.4　Au-1 与 Si-12 在石英（101）面的 Mulliken 布居分析

原子	状态	s 轨道电子数/e	p 轨道电子数/e	d 轨道电子数/e	总电子数/e	电荷数/e
Au-1	吸附前	0.77	0.25	9.47	10.49	0.51
	吸附后	0.88	0.09	9.45	10.42	0.58
Si-12	吸附前	0.99	1.48	—	2.47	1.53
	吸附后	0.73	1.30	—	2.02	1.98

由表 5.4 可知，Au 原子在石英（101）面吸附后，Au-1 原子的 5p 轨道和 5d 轨道的电子数分别从 0.25 e 减少到 0.09 e 和从 9.47 e 减少到 9.45 e，6s 轨道的电子数从 0.77 e 增加到 0.88 e，总电子数从 10.49 e 减少到 10.42；Si-12 原子的 3s 轨道和 3p 轨道的电子数分别从 0.99 e 减少到 0.73 e 和从 1.48 e 减少到 1.30 e，总电子数从 2.47 e 减少到 2.02 e。这说明石英表面 Si-12 的 3s 轨道和 3p 轨道上的电子转移到了 Au-1 原子的 6s 轨道上。由模拟得到，Au-1 与石英（101）面的 Si-12 的布居值为 0.36，键长为 0.235 nm。结合 Mulliken 布居分析，发现 [Au(CN)$_2$]$^-$中的 Au 原子与石英（101）面的 Si 原子发生了键合作用。

表 5.5　N-1 与 Si-12 在石英（101）面的 Mulliken 布居分析

原子	状态	s 轨道电子数/e	p 轨道电子数/e	总电子数/e	电荷数/e
N-1	吸附前	1.55	4.07	5.62	−0.62
	吸附后	1.52	4.23	5.76	−0.76
Si-12	吸附前	0.79	1.15	1.94	2.06
	吸附后	0.58	1.06	1.65	2.35

由表 5.5 可知，N 原子在石英（101）面吸附后，N-1 原子的 2s 轨道的电子数从 1.55 e 减少到 1.52 e，2p 轨道的电子数从 4.07 e 增加到 4.23 e，总电子数从 5.62 e 增加到 5.76 e，增加了 0.14 e；Si-12 原子的 3s 轨道和 3p 轨道的电子数分

别从 0.79 e 减少到 0.58 e 和从 1.15 e 减少到 1.06 e，总电子数从 1.94 e 减少到 1.65 e，减少了 0.29 e。这说明石英表面 Si-12 的 3s 轨道和 3p 轨道上的电子转移到了 N-1 原子的 2p 轨道上。由模拟得到，N-1 与石英（101）面的 Si-12 的布居值为 0.52，键长为 0.170 nm。结合 Mulliken 布居分析，发现 $[Au(CN)_2]^-$ 中的 N 原子与石英（101）面的 Si 原子发生了键合作用。

6 石英及硅酸盐矿物对氰化浸金的影响及助浸

以金矿中普遍存在的石英及硅酸盐矿物作为研究对象，研究不同粒级的石英、长石、云母和高岭石对金在氰化溶液中电化学溶解的影响。通过考查不同粒级石英及硅酸盐矿物对氰化浸金吸附率的影响，对不同粒级石英及硅酸盐矿物与氰化浸金产物进行 SEM、EDS、IR 分析及 MS 模拟计算，研究石英及硅酸盐矿物对氰化浸金的影响及助浸效果。通过量子力学模拟计算，考查石英、长石、云母和高岭石对氰化浸金的影响，设计合理的分子药剂，分析主要官能团的作用机理，从而降低石英及硅酸盐矿物对金及其络合物的吸附。最后采用新型混合助浸剂分别对氧化型、硫化矿型和碳质金矿石进行助浸试验，分析助浸效果。

6.1 活性硅对金溶解过程的电化学行为

6.1.1 常规氰化浸金体系电化学行为

6.1.1.1 金的阳极溶解

氰化浸金的阳极反应机理是电化学反应[87]。电化学反应会有电子的转移，所以金电极反应速率用电极反应产生的电流表征。采用线性极化的方法测定电流密度和电极电位，并以电流密度为纵坐标，电极电位为横坐标绘制极化曲线。根据电流密度和电极电位的变化特性，研究电极反应速率与电极电位的关系。通过常规氰化浸金体系下金的阳极溶解研究，在扫描速率为 1.0 mV/s，KCN 浓度为 0.02 mol/L，pH 值为 11.0，温度为 30 ℃，金电极转速为 500 r/min 的条件下，考查金溶解电位及电流密度，结果如图 6.1 所示。

由图 6.1 可知，在 −0.8~0.8 V 的电位范围内，金氰化溶解的阳极部分出现 3 个氧化峰[88]，表明在该电位范围内金在氰化溶液中进行了 3 次不同的氧化溶解，并且对应生成了不同的产物[89]。从阳极溶解平衡电位 −0.6 V 开始，氧化电流逐渐增大，在 −0.12 V 时达到最大值，形成第 1 个阳极峰，峰电流密度为 2.88 A/m²。在电位为 0.07 V 左右时形成第 2 个阳极峰，金电极在此电位下实现了第 2 次快速活性溶解。当电位达到 0.07 V 后，金电极的阳极溶解电流逐渐变小，金电极的溶解又一次开始变慢。电位为 0.48 V 时形成第 3 个阳极峰，峰电流密度为 7.27 A/m²，表明此峰处的氰化浸金反应速率最快。电位继续增大，电

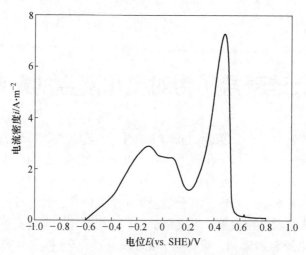

图 6.1   氰化浸金体系下金的阳极溶解极化曲线

流密度迅速下降，直至接近于零。第 1 个阳极峰属于金电极本身的氧化溶解或氧化膜的生成，该峰对应的反应为式 (6.1)~式 (6.3)，其中式 (6.1) 为整个反应的速率控制步骤。当电位达到 -0.12 V 后，金电极的阳极溶解电流逐渐变小，表明金电极的溶解逐渐变慢，金电极由活化溶解态向钝化态过渡，这是金表面钝化膜 $AuCN_{ads}$ 的形成及生长过程。第 2 个阳极峰对应的反应为式 (6.4) 和式 (6.5)。第 3 个阳极峰代表金可能发生了式 (6.6)~式 (6.9) 的氧化反应，没有形成中间吸附产物，而是直接氧化成了 Au^{3+}、$[Au(OHCN)]^-$、$AuOH$ 或 $[Au(CN)_4]^-$。接着在 0.48 V 处电流又快速回落至零，金的表面完全钝化，形成稳定的钝化区。这与—OH 在金电极及中间产物 $AuCN_{ads}$ 上的吸附有关，因为在 0.48 V 的电位下，水分子已经在金电极表面解离生成吸附态的羟基基团，而 $AuCN_{ads}$ 表面具有较高能量，羟基基团紧密吸附在其表面造成了表面钝化。

$$Au + CN^- === AuCN_{ads} + e \tag{6.1}$$

$$AuCN_{ads} + CN^- === [Au(CN)_2]^- \tag{6.2}$$

$$Au + 2CN^- === [Au(CN)_2]^- + e \tag{6.3}$$

$$Au + CN^- === AuCN_{ads}^- \tag{6.4}$$

$$AuCN_{ads}^- === AuCN_{ads} + e \tag{6.5}$$

$$Au - 3e === Au^{3+} \tag{6.6}$$

$$AuCN_{ads} + OH^- === [Au(OHCN)]^- \tag{6.7}$$

$$Au^{3+} + 3H_2O === 3AuOH + 3H^+ \tag{6.8}$$

$$Au + 4CN^- === [Au(CN)_4]^- + 3e \tag{6.9}$$

金在氰化物溶液中的溶解是由多个反应组成的复杂过程[90]。对于氰化物浸金原理的解释也有差异[91]。普遍认为导致氰化浸金变慢的主要原因是金表面生成了一层钝化膜，阻碍了金的进一步溶解。WADSWORTH 等人[92]提出了钝化膜的形成机理，认为金的溶解过程与抛物线动力学一致。初期的电流上升是因为膜的成核及形成，而后期的电流下降则是因为膜的厚度随时间而增加。膜的形成反应发生在金-膜界面，反应见式（6.10）；而金离子在膜内的扩散见式（6.11）；膜的溶解发生在膜-溶液界面，见式（6.12）。即

$$Au \rightleftharpoons Au_m^+ + e(金 - 膜界面，m) \tag{6.10}$$

$$Au_m^+ \rightleftharpoons Au_o^+(膜内扩散) \tag{6.11}$$

$$Au_o^+ + CN_s^- \rightleftharpoons AuCN_o(膜 - 溶液界面，o) \tag{6.12}$$

膜的溶解速率小于膜内的扩散速率，即 $AuCN_{ads}$ 来不及进一步反应形成可溶性的 $[Au(CN)_2]^-$ 配离子导致膜的厚度不断增加，因而在金表面形成了覆盖物，使一部分金表面被覆盖而失去反应活性。覆盖面积随电位的升高而增大，当覆盖面积达到一定程度时，金阳极溶解速率开始下降，从而使金电极表面进入钝化状态。THURGOOD 等人[93]得到的金在 $-0.82 \sim 0.50$ V 范围内的阳极溶解活化能为 (93 ± 8) kJ/mol，此值表明速率控制为表面化学反应或钝化层的扩散过程。MAC ARTHUR 等人[94]认为钝化是由 $AuCN_{ads}$ 产物引起的，金在氧化过程中生成一种中间表面产物，可能是一种吸附态的氰化金（$AuCN_{ads}$），当表面被完全覆盖时，氧化反应速率受这种中间产物的化学溶解速率控制。SANDENBERGH 等人[95]采用放射性示踪元素（^{14}C）的方法发现在电化学反应中第 1 个峰和第 2 个峰的电位范围内，表面吸附的氰根离子的量随电位的正移而稳定地增加，不发生陡增或陡降，而且表面吸附物质的量随溶液中氰根离子浓度的提高而增加，说明当表面吸附氰化物来不及溶解而形成积累时，金表面发生钝化，即第 1 个峰区表面钝化与氰根离子的吸附有关。在氰化物溶液中，不管是金的溶解或金的电解沉积，都明显有 $AuCN_{ads}$ 中间物生成。在此中间物中，氰化物通过离金表面最近的碳以直线的形式吸附在金的表面。如果氰化物由单齿配位体转化为螯合配位体并通过它的氮端连接相邻的金原子，金就会发生钝化。采用傅里叶变换红外光谱、低能电子衍射法和俄歇电子能谱法，发现金表面呈线性吸附的 CN^- 形成了 AuCN 吸附层[96]。杨永斌等人[97]利用扫描电子显微镜（SEM）、原子力显微镜（AFM）和 X 射线光电子能谱（XPS）测定金氰化溶解过程表面产物的形貌、组成元素及键合特性，发现金表面产物的主要成分为 AuCN、$Au(OH)_x$ 和 $Au_2(OHCN)$。理论模型和检测结果均表明，氰化浸金过程中生成了钝化膜，影响了浸金的反应速率，而含硅矿物在金矿石中普遍存在，探讨其对氰化浸金反应的影响具有重要的意义。

由于试验用氧气作为金电极氰化溶解的氧化剂，而氧在氢标电位负的一侧发生还原反应，金电极也只在氢标电位为负值时发生溶解，因此，只需要研究位于

氢标电位的负电位区域的峰，即电位为-0.12 V时的第1个峰，因为之后的两个峰都不会产生。

6.1.1.2 氰化钾浓度的影响

试验条件：溶液温度为19 ℃，金电极转速为500 r/min，溶液 pH 值为11.0。研究氰根离子浓度对金电极溶解的影响，氰根离子浓度范围为 0.002 ~ 0.1 mol/L。试验结果如图6.2所示。

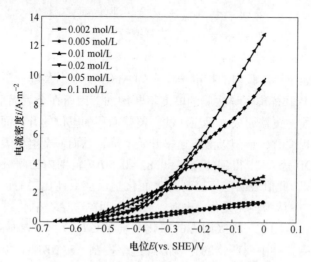

图6.2 不同氰根离子浓度下金的阳极极化曲线

由图6.2可知，不同氰根离子浓度下金的阳极极化曲线有较大差异。随着氰根离子浓度的增大，金的阳极溶解平衡电位降低，对应的金的阳极极化曲线的电流密度峰逐渐增大且右移，电流峰之后的钝化区越来越不明显。电位在-0.7~0 V范围内时，可以发现不同浓度氰化物的极化过程的钝化特性的有明显区别。当氰根离子浓度为 0.002~0.005 mol/L 时，对应的电流密度很小，且峰值不太明显；当氰根离子浓度为 0.01~0.02 mol/L 时，不但存在电流峰，而且具有较宽的钝化区；当氰根离子浓度为 0.05~0.1 mol/L 时，电流密度先缓慢增加，之后呈直线上升。结果表明，增加氰根离子浓度，可以促进反应式 (6.2) 的发生。旋转圆盘电极的稳态对流扩散电流密度用列维奇（Levich）方程式 [见式 (6.13)] 表示。

$$i_{d,a} = -0.62nzFD^{2/3} \vartheta^{-1/6} \omega^{1/2} C_{CN^-}^0 \qquad (6.13)$$

式中 n——反应电子数；

z——化学计量系数；

F——法拉第常数，96485 C/mol；

D——扩散系数，m²/s；

ϑ——液体的动力黏度，$Pa \cdot s$；

ω——电极转速，r/min；

$c_{CN^-}^O$——溶液中氰根离子的浓度，mol/L。

由式（6.13）可知，随着氰根离子浓度的增大，金的阳极溶解速率逐渐增大，且金开始溶解所需要的电位降低，即金的溶解更易发生。

6.1.1.3 溶液 pH 值的影响

在溶液温度为 19 ℃，氰化物浓度为 0.02 mol/L，金电极转速为 500 r/min 的条件下，研究溶液 pH 值对金电极阳极溶解的影响，结果如图 6.3 所示。

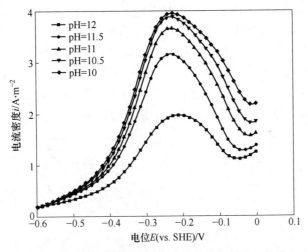

图 6.3 金电极在不同 pH 值下的线性扫描伏安曲线

由图 6.3 可知，金的阳极溶解平衡电位并不受 pH 值变化的影响。随着 pH 值逐渐升高，峰电位变化比较小，极化曲线的峰电流密度逐渐降低。比较不同 pH 值下的阳极极化曲线，可以发现，pH 值为 10~11 时，电流密度变化相对较小，即 OH^- 浓度对浸金速率影响较小；pH 值为 11~12 时，峰电流密度及钝化区域有较大差异。曲线在上行区（活性溶解区）的差异不大，然而随着电流密度峰的出现，也就是在下降区（过渡钝化区）的差异明显大于上行区的变化。pH 值是通过影响阴离子之间的关系来影响金的溶解速率的。pH 值不同，则溶液中 OH^- 浓度不同。随着 pH 值的增大，溶液中的 OH^- 浓度增加，当 pH 值增大到 12 时，OH^- 浓度为 CN^- 浓度的一半，与溶液中 CN^- 的竞争作用增大，所以使金表面 CN^- 的数量明显减少，从而使金的阳极溶解区电流密度下降。提高溶液 pH 值，不仅使峰电流密度降低，即使金阳极溶解速率降低，而且加快了钝化的发生，也就是促进了式（6.1）所示反应的进行，从而抑制了金的阳极溶解，降低了氰化物溶液中金的反应速率。

6.1.1.4 溶液温度的影响

在氰化钾浓度为 0.02 mol/L，溶液 pH 值为 11.0，金电极转速为 500 r/min 的条件下，进行了不同温度下的金阳极溶解的试验，结果如图 6.4 所示。

由图 6.4 可知，随着溶液温度的升高，相同电位下对应的电流密度显著增大，金的阳极极化曲线的平衡电位降低（负移），即金更易溶解。温度的变化对上行区的影响很小，对下降钝化区的影响显著增大，峰电流密度对应的电位变化不大。当溶液温度为 15~25 ℃时，钝化区面积明显扩大，即金在氰化物溶液中的氧化过程受表面产物的生成量控制。当温度升高到 30 ℃后，电流密度峰越来越不明显，钝化现象也不太明显。由此可以看出，升高溶液温度可以使金电极开始溶解的电位降低，峰电流密度增大，即升高溶液温度可以提高金的溶解速率，但不会影响峰电位密度的大小，同时，升高溶液温度也会促进式（6.2）所示反应的进行，使钝化现象减弱。在 15~35 ℃的温度范围内，提高温度有利于扩散系数增大及扩散层减薄。减薄产物在电极表面积累生成的覆盖层，增加继续反应的面积，可以提高氰化浸金的反应速率，加快金的溶解。

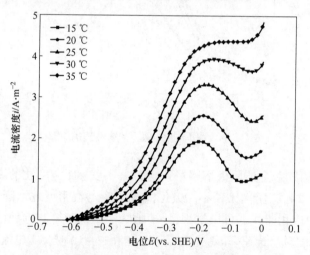

图 6.4 金电极在不同温度下的线性扫描伏安曲线

6.1.1.5 金电极转速的影响

在溶液温度为 19 ℃，溶液 pH 值为 11.0，氰化钾浓度为 0.02 mol/L 的条件下，进行不同金电极转速对金阳极溶解的影响试验，结果如图 6.5 所示。

由图 6.5 可知，金阳极溶解速率随金电极转速的增大略有提高，即随着金电极转速的增大，峰电流密度略有提高，峰电位几乎重合，上行区和下降区趋势也几乎一致。这是因为金与氰化物溶液的相互作用是在固液两相界面上进行的。将金电极置于氰化物溶液中，金电极表面将迅速溶解，并消耗金电极表面的氰根离

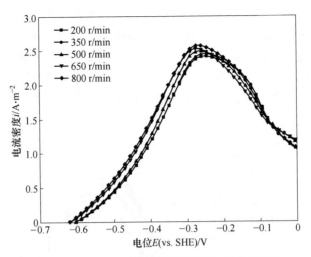

图 6.5　金电极在不同转速下的线性扫描伏安曲线

子，使固体表面和溶液内部出现浓度差导致氰根离子从溶液内部向金电极表面扩散；同时反应产物也将从金电极表面逐渐向溶液内部扩散，使金粒进一步溶解。溶液中物质由溶液内部向固体表面迁移的阻力主要来自紧靠固体表面的扩散层，在该层中绝大部分物质是由分子扩散而迁移的，扩散物质浓度的变化也主要发生在这一层内。搅拌有助于破坏金电极表面的饱和溶液层，促进 CN^-、O_2 和 $[Au(CN)_2]^-$ 的扩散，从而有利于提高金的浸出速率。搅拌强度越大，对提高金的浸出速率就越有利，浸金过程在大多数情况下都具有扩散特征。因此，所有促进扩散的因素，都应当是强化氰化过程的可能途径。扩散速率随搅拌转速提高而提高，因此，剧烈搅拌可提高溶解速率。

6.1.2　石英及硅酸盐矿物的粒级对氰化浸金电化学的影响

为了研究石英及硅酸盐矿物对氰化浸金电化学的影响，分别绘制了不同粒级的石英、长石、云母及高岭石体系下金电极的阳极极化曲线，并通过分析这些金电极的阳极极化曲线，确定了石英及硅酸盐矿物对氰化浸金电化学的影响。

6.1.2.1　石英的粒级对氰化浸金反应速率的影响

为了考查不同粒级的石英对氰化浸金电化学的影响，在氰化钾溶液中分别加入不同粒级的石英单矿物进行金阳极溶解的动电位扫描试验。在溶液 pH 值为 11.0，氰化钾浓度为 0.02 mol/L，金电极转速为 500 r/min，溶液温度为 20 ℃ 的条件下，试验得到的不同粒级石英体系下金电极的线性伏安曲线如图 6.6 所示。

由图 6.6 可知，在 -0.7~0 V 电位区域中，金电极的阳极极化曲线均出现了 1 个电流密度峰。常规浸金体系下金电极的阳极极化曲线的电流密度峰在

1.60 A/m² 左右，而对应的电位在-0.18 V 左右。在电流密度峰的左侧，金阳极溶解电流密度随金电极电位升高而提高；当金电极电位高于峰值电位时，电流密度随金电极电位升高而下降。这是因为金阳极溶解过程中产生的中间产物在金电极表面形成了覆盖层，使金电极表面发生了钝化现象，阻碍了反应的进行。在电流密度峰的左侧，金发生活性溶解，而在电流密度峰的右侧，出现了阳极钝化现象。

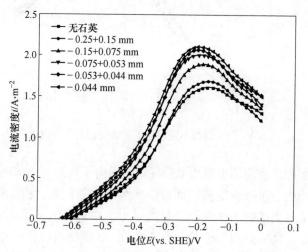

图 6.6　金电极在不同粒级石英体系下的线性扫描伏安曲线

不同粒级石英对金阳极溶解极化特性影响显著。添加了石英的金表面膜层的溶解电位比常规氰化浸金的表面膜层的溶解电位明显降低（负移），溶解性明显增大，金电极的阳极极化曲线的电流密度峰由 1.68 A/m² 增大到 2.10 A/m²，而对应的电位仍在-0.18 V 左右；而且，随着石英粒度的减小，金开始溶解时的电位越低，峰电流密度越大。表明在石英的作用下，金阳极溶解所受阻力减小，使金电极表面膜层溶解电流密度比常规氰化时明显增大，提高了金的溶解性能，降低了金溶解的电极电位，而且活性溶解区间明显变宽，增大了溶解电流，即加快了金的溶解速率。另外，未溶解的石英与旋转金电极之间的摩擦力，破坏了金电极表面的钝化膜，同时强化了 CN⁻、O₂ 和 [Au(CN)₂]⁻的扩散，有利于金的进一步溶解。加入石英后，金电极的阳极溶解电流密度依次增大，表明金电极的溶解逐渐加快，钝化减缓。GIBSON[98]提出金钝化是生成了 AuCN 配合物，他认为表面形成的无穷直线链—Au—CN—Au—CN—降低了晶状 AuCN 的可溶性。金表面还发现以 Au—CN 态吸附的 CN 呈桥式结构，这种桥式结构是 CN⁻ 常见的排列配位方式，是金表面钝化的原因[99]。因此，AuCN_ads 无论是呈桥式结构还是呈链式结构，均表明 AuCN_ads 聚合物的形成是一个自毒化反应。该反应产物因难以溶解而在表面积累形成覆盖层，阻碍金的配合和溶解反应的继续进行，因而它是金阳极溶解时表面发生钝化的主要原因[95]。

石英在水溶液中吸附定位离子，导致石英表面带有电荷。石英在不同的 pH 值下，也会产生不同的吸附或解离作用，形成不同的表面电性[100]。当 pH>7 溶液呈碱性时，石英表面具有过剩的表面能，溶液中存在大量的 Si—OH 和 Si—O—Si[101]。故当石英颗粒在碱性溶液中与氰化金作用时，颗粒表面可能发生的反应如下：

$$\equiv Si^+ + OH^- \rightleftharpoons \equiv SiOH \tag{6.14}$$

$$AuCN + Si—O—Si \rightleftharpoons AuCN—Si—O—Si \tag{6.15}$$

$$[Au(CN)_2]^- + Si—O—Si \rightleftharpoons (NC)Au(CN)—Si—O—Si \tag{6.16}$$

石英在碱性溶液中的大量溶解为金的氰化络合物在石英表面的吸附创造了条件。若石英吸附金表面的钝化膜 $AuCN_{ads}$，即可能发生式（6.15）所示的反应，阻碍钝化膜的形成及积累，断开无穷直线链—Au—CN—Au—CN—或 AuCN 吸附态的 CN 桥式结构，从而加快金的溶解速率，进一步加快金的氰化络合反应。

由此可知，在氰化浸金过程中，加入石英，可以加快金的溶解速率，降低金开始发生阳极溶解的电位，使金溶解更容易发生，起到了强化浸金的作用。

6.1.2.2　长石的粒级对氰化浸金反应速率的影响

为了考查不同粒级的长石对氰化浸金电化学的影响，在氰化钾浓度为 0.02 mol/L，溶液 pH 值为 11.0，金电极转速为 500 r/min，溶液温度为 20 ℃ 的条件下，在氰化钾溶液中分别加入不同粒级的长石单矿物进行金阳极溶解的动电位扫描试验，结果如图 6.7 所示。

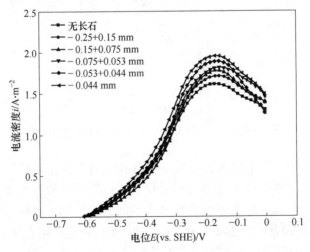

图 6.7　金电极在不同粒级长石体系下的线性扫描伏安曲线

由图 6.7 可知，当不加入长石时，金电极的阳极极化曲线的电流密度峰在

1.6 A/m²左右，而对应的电位在-0.18 V左右。加入长石后的峰电流密度要比未加入长石时的大，但峰电流密度对应的电位几乎没有变化。当加入不同粒度的长石后，电流密度峰随加入长石的粒度减小而增大，长石粒度在-0.25 mm内时，电流密度峰由1.71 A/m²增加到1.95 A/m²，同时金发生溶解时对应的电位下降（负移），由-0.59 V降低到-0.6 V。上行区和下降钝化区的变化幅度不同，下降钝化区的变化错综复杂。由此表明，当加入长石后，可以略微提高金的溶解速率，也可以使金开始溶解时的电位降低，即使金变得易溶解。随着加入的长石的粒度逐渐减小，金的溶解速率逐渐增大，即加入长石可以促进金的溶解，且加入的长石粒度越小，促进作用越明显。

6.1.2.3 云母的粒级对氰化浸金反应速率的影响

为了考查不同粒级的云母对氰化浸金电化学的影响，在氰化钾浓度为0.02 mol/L，溶液pH值为11.0，金电极转速为500 r/min，溶液温度为20 ℃的条件下，在氰化钾溶液中分别加入不同粒级的云母单矿物进行金阳极溶解的动电位扫描试验，结果如图6.8所示。

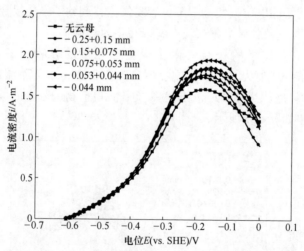

图6.8　金电极在不同粒级云母体系下的线性扫描伏安曲线

由图6.8可知，当不加入云母时，金电极的阳极极化曲线的电流密度峰最小，为1.6 A/m²；当加入不同粒度的云母后，可以明显地看出整体的电流密度要比不加云母时的高，电流密度峰也高于不加云母时的。当加入的云母粒度在-0.25 mm内时，随着粒度逐渐减小，金开始溶解时的电位略有降低（负移），由-0.60 V降至-0.61 V。而相同电位对应的电流密度逐渐增大，峰电流密度由1.72 A/m²增加到1.94 A/m²，且上行区和下降钝化区的变化幅度不同，上行区之间的差异较小，而下降钝化区之间的差异非常明显；同时峰电流密度对应的电位增大（正移）。加入云母后，可以提高金的溶解速率，同时也使金变得容易溶解，峰电位明显增大，延缓了钝化的发生。当加入的云母的粒度逐渐减小时，金的阳极溶解电位逐渐减小（负移），即金越来越容易溶解；同时云母粒度减小，所对应的电流密度逐渐增大，即金的溶解速率增大；峰电位逐渐增大，表明可以延缓钝化的发生，促进金阳极的溶解反应。

6.1.2.4 高岭石的粒级对氰化浸金反应速率的影响

在氰化钾溶液中分别加入不同粒级的高岭石单矿物进行金阳极溶解的动电位扫描试验。在氰化钾浓度为 0.02 mol/L，溶液 pH 值为 11.0，金电极转速为500 r/min，溶液温度为 20 ℃的条件下，考查不同粒级的高岭石对氰化浸金电化学的影响，试验结果如图 6.9 所示。

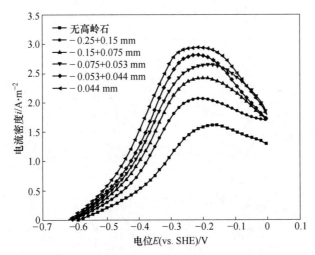

图 6.9　金电极在不同粒级高岭石体系下的线性扫描伏安曲线

由图 6.9 可知，在-0.7~0 V 电位区域中，金电极的阳极溶解极化曲线均出现了 1 个电流密度峰。在电流密度峰的左侧，金阳极溶解电流密度随金电极电位升高而提高；而当金电极电位高于峰值电位后，电流密度随金电极电位升高而下降。这是因为金阳极溶解过程中产生的中间产物在金电极表面形成了覆盖层，使金电极表面发生了钝化，阻碍了反应的进行。在电流密度峰的左侧，金发生了活性溶解，而在电流密度峰的右侧，开始出现阳极钝化。不同粒级高岭石对金阳极的溶解极化特性影响显著。在-0.25 mm 粒度范围内，添加了高岭石的金表面膜层的溶解电位比常规氰化浸金的表面膜层的溶解电位明显降低（负移），由-0.60 V 降至-0.62 V，溶解性明显增大；而且，随着高岭石粒度减小，峰电流密度越来越大，由 2.07 A/m² 增加到了 2.95 A/m²。结果表明在高岭石的作用下，金阳极溶解所受阻力减小，使金电极表面膜层溶解电流密度比常规氰化时的明显增大，提高了金的溶解性，降低了金溶解的电极电位，而且活性溶解区间明显变宽，增大了溶解电流密度，即加快了金的溶解速率。另外，未溶解的高岭石与旋转金电极之间的摩擦力，破坏了金电极表面的钝化膜，同时强化了 CN^-、O_2 和 $[Au(CN)_2]^-$ 的扩散，有利于金的进一步溶解。加入高岭石后，金电极的阳极溶解电流密度依次增大，表明金电极的溶解逐渐加快，钝化减缓。

6.1.3　石英及硅酸盐矿物的粒级对氰化浸金吸附率的影响

6.1.3.1　石英的粒级对氰化浸金吸附率的影响

在 KCN 浓度为 0.02 mol/L，石英质量为 0.002 g，溶液 pH 值为 11.0，溶液温度为 20 ℃，搅拌转速为 500 r/min 的条件下，考查不同粒级石英对氰化浸金吸附率的影响，试验结果如图 6.10 所示。

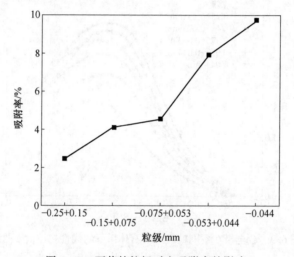

图 6.10　石英的粒级对金吸附率的影响

由图 6.10 可以看出，在 -0.25 mm 粒度范围内，随着石英粒度逐渐变细，石英对溶液中金的吸附率逐渐增加。在 0.25 ~ 0.15 mm 粒级时，吸附率最小，为 2.44%；在 -0.44 mm 粒级时，吸附率最大，为 9.72%，较最小值增大近 4 倍。这是因为随着石英粒级逐渐变细，石英表面产生了大量的点缺陷，包括低价硅和非桥接氧空穴中心，同时石英水解作用增强，溶液中的 $\equiv SiO^-$ 增多，发生吸附的概率增大，表明石英与氰化金溶液能够发生吸附，即说明氰化浸金的过程中会有部分的金被石英所吸附，从而降低了金的回收率。刘淑杰等人[102]发现在研磨作用下，石英与氰化浸金溶液中的金存在强烈的吸附作用，这种作用随着石英细度的增加而增强。马芳源等人[103]发现在不同的石英细度、金溶液浓度、矿浆浓度和搅拌时间下，石英均能与溶液中的金发生不同程度的吸附，吸附类型为物理吸附。以上试验均说明溶解后的［Au(CN)$_2$］$^-$与石英中的硅原子作用后重新进入固相，从而降低了金的回收率。

6.1.3.2 长石的粒级对氰化浸金吸附率的影响

在 KCN 浓度为 0.02 mol/L，长石的质量为 0.017 g，溶液 pH 值为 11.0，溶液温度为 20 ℃，搅拌转速为 500 r/min 的条件下，考查不同粒级的长石对氰化浸金吸附率的影响，试验结果如图 6.11 所示。

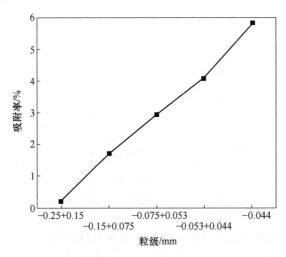

图 6.11　长石的粒级对金吸附率的影响

由图 6.11 可以发现，在-0.25 mm 粒度范围内，随着长石的粒度逐渐变细，长石对氰化钾溶液中金的吸附率逐渐升高。在 0.25~0.15 mm 粒级时，吸附率最小，为 0.18%；在-0.44 mm 粒级时，吸附率最大，为 5.80%。说明细粒级的长石可以促进对溶解金的吸附。马芳源等人[104]对斜长石吸附金的机械活化规律进行了研究，发现：随着斜长石磨矿细度的增加，研磨作用对斜长石有机械活化作用，促进了斜长石对金溶液中金的吸附；同时，斜长石和金溶液中的金在研磨作用下有新的化学结构形成。说明斜长石在研磨作用下吸附金既有物理吸附也有化学吸附。从而表明，加入长石的粒度越小，长石越易吸附已经溶解的金，因而金的回收率越低。

6.1.3.3 云母的粒级对氰化浸金吸附率的影响

在 KCN 浓度为 0.02 mol/L，云母的质量为 0.013 g，溶液 pH 值为 11.0，溶液温度为 20 ℃，搅拌转速为 500 r/min 的条件下，考查不同粒级的云母对氰化浸金吸附率的影响，试验结果如图 6.12 所示。

由图 6.12 可知，在-0.25 mm 粒度范围内，云母对溶液中金的吸附率随着云母粒级的减小而增大。当云母的粒级在 0.25~0.044 mm 时，溶液中金的吸附率为 1.29%~1.99%，变化不明显；但是当云母的粒级为-0.044 mm 时，溶液中金的吸附率为 5.35%，明显增大。吸附率增大代表云母对溶液中金的吸附强度增大，即云母的加入降低了金的回收率，且云母的粒度越细，金的回收率越低。

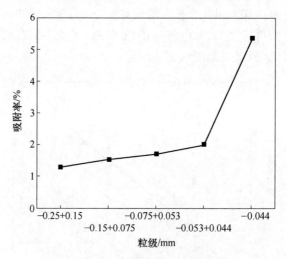

图 6.12 云母的粒级对金吸附率的影响

6.1.3.4 高岭石的粒级对氰化浸金吸附率的影响

在 KCN 浓度为 0.02 mol/L，高岭石质量为 0.009 g，溶液 pH 值为 11.0，溶液温度为 20 ℃，搅拌转速为 500 r/min 的条件下，考查不同粒级的高岭石对氰化浸金吸附率的影响，试验结果如图 6.13 所示。

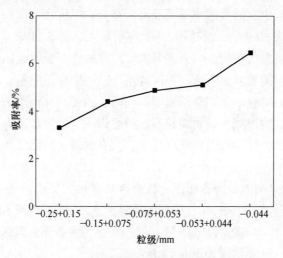

图 6.13 高岭石的粒级对金吸附率的影响

由图6.13可以看出，在-0.025 mm粒度范围内，随着高岭石粒度的减小，高岭石对溶液中金的吸附率逐渐增加。在0.25~0.15 mm粒级时，吸附率最小，为3.29%；在-0.44 mm粒级时，吸附率最大，为6.47%。表明高岭石与氰化金溶液能够发生吸附，即说明氰化浸金的过程中会有部分金被高岭石所吸附。

6.1.4 石英及硅酸盐矿物体系下氰化浸金产物的扫描电镜和能谱分析

对石英及硅酸盐矿物体系下氰化浸金反应后的产物进行扫描电子显微镜（SEM）分析及能谱（EDS）分析，从而分析加入石英及硅酸盐矿物后氰化浸金产物的形貌及微观组成。

6.1.4.1 石英体系下氰化浸金产物的SEM和EDS分析

取-0.044 mm粒级的石英经过氰化浸金电化学反应后的产物，洗涤，烘干后制成试样。采用扫描电子显微镜对试样进行表征，结果如图6.14所示；并对某一微区进行能谱分析，结果如图6.15所示，对应的数据见表6.1。

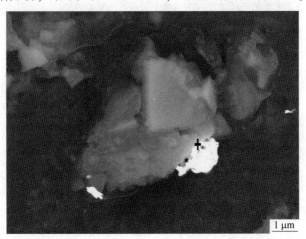

图6.14 石英体系下氰化浸金试样的SEM图

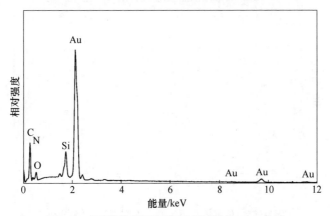

图6.15 石英体系下氰化浸金试样的EDS分析

表 6.1　石英体系下氰化浸金试样 EDS 分析的元素组成（已归一化）　（%）

元素	C	N	O	Si	Au
质量分数	16.09	1.86	5.76	3.58	72.71
原子分数	33.20	12.41	33.62	11.90	8.87

结合图 6.14、图 6.15 和表 6.1 可知，金粒表面主要含有 Au、C、N、Si、O 等 5 种元素。其中，碳质量分数高的原因为导电胶上的碳污染及存在于金的氰化络合物中的碳；N 元素的原子分数为 12.41%，表明此处存在 $AuCN_{ads}$。由于此时石英表面有氰化物可知，金及其络合物与石英发生了吸附，从而降低了金的回收率。

6.1.4.2　长石体系下氰化浸金产物的 SEM 和 EDS 分析

取-0.044 mm 粒级的长石经过氰化浸金电化学反应后的产物，洗涤、烘干后制成试样。采用扫描电子显微镜对试样进行表征，结果如图 6.16 所示；并对某一微区进行能谱分析，结果如图 6.17 所示，对应的数据见表 6.2。

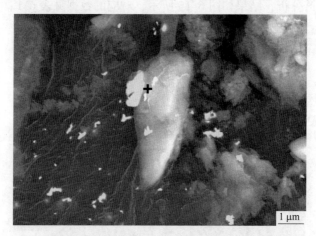

图 6.16　长石体系下氰化浸金试样的 SEM 图

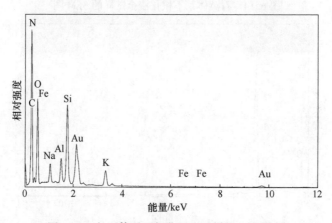

图 6.17　长石体系下氰化浸金试样的 EDS 分析

表 6.2 长石体系下氰化浸金试样 EDS 分析的元素组成（已归一化）（%）

元素	C	N	O	Na	Al	Si	K	Fe	Au
质量分数	47.31	7.19	25.23	1.39	1.40	5.03	2.09	0.18	10.17
原子分数	61.27	7.98	24.53	0.94	0.80	2.79	0.83	0.05	0.80

结合图 6.16 和图 6.17 可知，金粒表面主要含有 Au、C、N、Si、O、Na、Al、K、Fe 等 9 种元素，各元素的质量分数及原子分数，见表 6.2。其中，碳质量分数高达 47.31%，其原因一方面是导电胶上的碳污染，另一方面是在碱性氰化物溶液中含有氰根离子；Si、O、Na、Al、K、Fe 来源于试样中的长石；N 元素的原子分数为 7.98%，表明此处存在 $AuCN_{ads}$。长石表面被氰化物包裹，金颗粒通过氰根离子与长石相连，表明金及其络合物吸附到了长石表面；也可能是硅酸盐矿物所含氧化铝在碱性条件下呈高比表面积和高吸附活性的絮状，其对金及其络合物具有一定吸附亲和力，因而氰化溶液中的金及其络合物趋向于被硅酸铝盐微粒吸附富集，产生"劫金"效应，降低了金的回收率。

6.1.4.3 云母体系下氰化浸金产物的 SEM 和 EDS 分析

取 -0.044 mm 粒级的云母经过氰化浸金电化学反应后的产物，洗涤、烘干后制成试样。采用扫描电子显微镜对试样进行表征，结果如图 6.18 所示；并对某一微区进行能谱分析，结果如图 6.19 所示，对应的数据见表 6.3。

结合图 6.18 和图 6.19 可知，金粒表面主要含有 Au、C、N、Si、O、Mg、Al、K、Fe 等 9 种元素，各元素的质量分数及原子分数见表 6.3。其中，碳质量分数高达 54.31%，其原因一方面是导电胶上的碳污染，另一方面是在碱性氰化

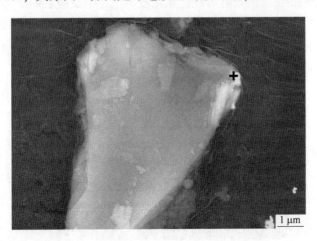

图 6.18 云母体系下氰化浸金试样的 SEM 图

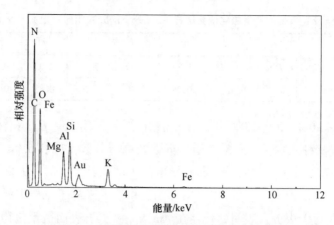

图 6.19   云母体系下氰化浸金试样的 EDS 分析

表 6.3   云母体系下氰化浸金试样 EDS 分析的元素组成 （已归一化）   （%）

元素	C	N	O	Mg	Al	Si	K	Fe	Au
质量分数	54.31	2.17	30.45	0.12	2.67	3.94	3.23	0.65	2.46
原子分数	65.24	2.24	27.46	0.07	1.43	2.02	1.19	0.17	0.18

物溶液中含有氰根离子；Si、O、Mg、Al、K、Fe 来源于试样中的云母；N 元素的原子分数为 2.24%，表明此处存在 $AuCN_{ads}$。云母表面被氰化物包裹，金颗粒通过氰根离子吸附在云母的端点处，可知金及其络合物与云母发生了吸附，从而降低了金的回收率。

6.1.4.4   高岭石体系下氰化浸金产物的 SEM 和 EDS 分析

取 −0.044 mm 粒级的高岭石经过氰化浸金电化学反应后的产物，洗涤、烘干后制成试样。采用扫描电子显微镜对试样进行表征，结果如图 6.20 所示；并对某一微区进行能谱分析，结果如图 6.21 所示，对应的数据见表 6.4。

图 6.20   高岭石体系下氰化浸金试样的 SEM 图

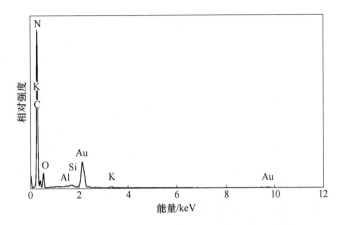

图 6.21 高岭石体系下氰化浸金试样的 EDS 分析

表 6.4 高岭石体系下氰化浸金试样 EDS 分析的元素组成（已归一化）（%）

元素	C	N	O	Al	Si	K	Au
质量分数	61.88	15.11	10.34	0.09	0.16	0.25	12.17
原子分数	74.08	15.52	9.30	0.05	0.08	0.09	0.89

结合图 6.20 和图 6.21 可知，金粒表面主要含有 Au、C、N、Si、O、Al、K 等 7 种元素。由表 6.4 可知，各元素中碳质量分数高达 61.88%，其原因一方面是导电胶上的碳污染，另一方面是在碱性氰化物溶液中含有氰根离子；Si、O、Al 和 K 元素来源于产物中的高岭石；N 元素的原子分数为 15.52%，表明此处存在 $AuCN_{ads}$。高岭石表面被氰化物包裹严重，金颗粒通过氰根离子吸附在高岭石的端点处，可知金及其络合物与高岭石发生了吸附，从而降低了金的回收率。

6.1.5 石英及硅酸盐矿物与氰化浸金产物的红外光谱分析

对氰化浸金反应后的产物，洗涤、烘干后进行红外光谱分析，从而分析石英及硅酸盐矿物与金络合物的作用方式。

6.1.5.1 石英体系下氰化浸金产物的红外光谱分析

采用红外光谱分析手段，对石英体系下氰化浸金产物的成分进行表征，结果如图 6.22 所示。

由图 6.22 可知，红外光谱波数在 400~4000 cm^{-1} 内。石英单矿物的红外光谱中，波数 1083.33 cm^{-1} 处的峰为 Si—O 键的反对称伸缩振动峰；789.13 cm^{-1} 处的峰为 Si—O 键的对称伸缩振动峰；681.82 cm^{-1} 处的峰为氧四面体聚合结构导致的；463.31 cm^{-1} 处的峰为 Si—O 键的弯曲振动峰，是吸收光谱的强吸收带。在石

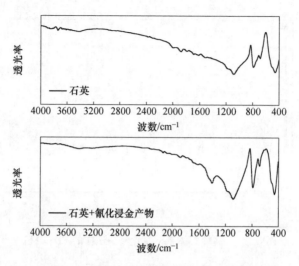

图 6.22　石英与氰化浸金产物的红外光谱

英与氰化金溶液作用后的红外光谱中，在 2143.66 cm^{-1} 处出现的 C≡N 振动伸缩谱带为氰基基团，与氰化物标准样品谱图一致，说明在石英的作用下，石英吸附了氰化浸金过程中形成的中间体 AuCN 及 $[Au(CN)_2]^-$。当石英吸附 AuCN 时，有利于钝化膜的快速脱落，加快氰化浸金的反应速率，与电化学分析结果一致；当石英吸附 $[Au(CN)_2]^-$ 时，降低了金的回收率，与吸附率试验结果一致。

6.1.5.2　长石体系下氰化浸金产物的红外光谱分析

采用红外光谱分析手段，对长石体系下氰化浸金产物的成分进行表征，结果如图 6.23 所示。

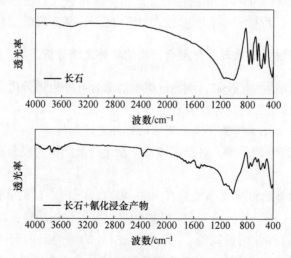

图 6.23　长石与氰化浸金产物的红外光谱

由图6.23可知，红外光谱波数在400~4000 cm^{-1}内。长石单矿物的红外光谱中，波数在1007.72 cm^{-1}处的峰为Si(Al)—O的伸缩振动峰，其左侧1138.36 cm^{-1}附近有弱带；770.47 cm^{-1}处为Si—Si键的伸缩振动峰；725.67 cm^{-1}处为Si—Al(Si)键的伸缩振动峰，峰形尖锐，为中等强度吸收带；648.71 cm^{-1}、596.09cm^{-1}、534.01 cm^{-1}处均为O—Si(Al)—O键的弯曲振动峰，其中596.09 cm^{-1}处为微斜长石特有带，534.01 cm^{-1}处为O—Si—O键的弯曲振动与K(Na)—O键的伸缩振动之耦合；420.50 cm^{-1}处为Si—O—Si键的弯曲振动峰。长石与氰化金溶液作用后的红外光谱中，在2364.96 cm^{-1}处出现了C≡N氰基基团，说明长石吸附了氰化浸金过程中形成的中间体AuCN或[Au(CN)$_2$]$^-$。当长石吸附AuCN时，有利于钝化膜的快速脱落，加快氰化浸金的反应速率，与电化学分析结果一致；当长石吸附[Au(CN)$_2$]$^-$时，降低了金的回收率，与吸附率试验结果一致。

6.1.5.3 云母体系下氰化浸金产物的红外光谱分析

采用红外光谱分析手段，对云母体系下氰化浸金产物的成分进行表征，结果如图6.24所示。

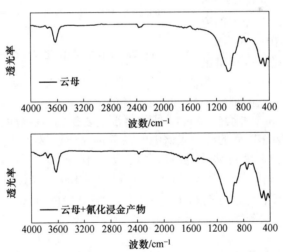

图6.24 云母与氰化浸金产物的红外光谱

由图6.24可知，红外光谱波数在400~4000 cm^{-1}内。云母单矿物的红外光谱中，波数在3620.56 cm^{-1}处的宽带是由Al—OH键的伸缩振动引起的；1514.23 cm^{-1}处的峰为水分子的弯曲振动吸收峰；1022.79 cm^{-1}处的强带为Si—O键的伸缩振动峰，吸收带较宽；745.95 cm^{-1}处的吸收带为Si(Al)—O及Si—O—Si(Al)键的伸缩振动吸收峰，此处谱带稍强是因为Al的4次配位数目多；526.89 cm^{-1}和468.09 cm^{-1}处的两个强带为Si—O键弯曲振动峰，峰形较锐；417.08 cm^{-1}处的弱带可能是羟基摆动引起的。云母与氰化金溶液作用后的红外光谱中，在2370.51 cm^{-1}处出现了C≡N伸缩振动谱带，说明云母吸附了氰化浸金过程中形成的中间体 AuCN 或 $[Au(CN)_2]^-$。当云母吸附 AuCN 时,有利于钝化膜的快速脱落,加快氰化浸金的反应速率,与电化学分析结果一致;当云母吸附 $[Au(CN)_2]^-$ 时,降低了金的回收率,与吸附率试验结果一致。

6.1.5.4 高岭石体系下氰化浸金产物的红外光谱分析

采用红外光谱分析手段,对高岭石体系下氰化浸金产物的成分进行表征,结果如图 6.25 所示。

由图 6.25 可知,红外光谱波数在 400 ~ 4000 cm^{-1} 内。在高岭石单矿物的红外光谱中,波数在 3692.81 cm^{-1} 和 3621.53 cm^{-1} 处的 2 个吸收带较尖锐,分别为高岭石外羟和内羟的伸缩振动吸收峰;1688.40 cm^{-1} 处为水分子的弯曲振动吸收峰;1034.86 cm^{-1} 处为强吸收带,是 Si—O 键的

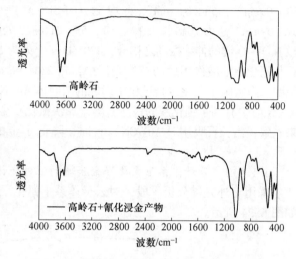

图 6.25 高岭石与氰化浸金产物的红外光谱

伸缩振动峰;915.85 cm^{-1} 处为高岭石外羟基摆动吸收峰;754.31 cm^{-1} 处是 Si—O—Si 键的对称伸缩振动峰;541.69 cm^{-1} 处的强带主要由 Si—O—Al 键的伸缩振动贡献;470.27 cm^{-1} 和 425.50 cm^{-1} 处的谱带主要是 Si—O 键的弯曲振动峰。高岭石与氰化金溶液作用后的红外光谱中,在 2364.65 cm^{-1} 处出现了 C≡N 伸缩振动吸收峰,说明高岭石吸附了氰化浸金过程中形成的中间体 AuCN 及 $[Au(CN)_2]^-$。当高岭石吸附 AuCN 时,有利于钝化膜的快速脱落,加快氰化浸金的反应速率,与电化学分析结果一致;当高岭石吸附 $[Au(CN)_2]^-$ 时,降低了金的回收率,与吸附率试验结果一致。

6.2 机械活化下金与石英及硅酸盐矿物的相互作用

试验考查常规氰化浸金条件对金浸出率的影响;通过助浸试验,研究石英、长石、云母和高岭石矿物表面活性与金及其络合物之间的物理、化学作用机理及对金回收的影响;通过添加新型助浸剂,降低浸金过程中石英及硅酸盐矿物的表面活性,减弱石英及硅酸盐矿物与金的相互作用,提高金的浸出速率及回收率。

6.2.1 氰化溶解条件对金浸出效果的影响

6.2.1.1 氰化钾浓度的影响

在金粉质量为 0.025 g(20 ~ 30 nm,99.95%,以下同),溶液 pH 值约为

10.5，转速为 300 r/min，溶液温度为 25 ℃，浸出时间为 3 h 的条件下，考查氰化钾浓度对金浸出率的影响，结果如图 6.26 所示。

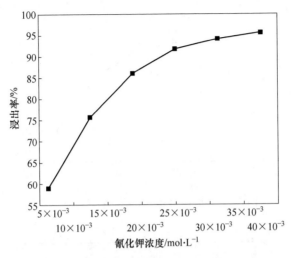

图 6.26 氰化钾浓度对金氰化浸出率的影响

由图 6.26 可知，随着氰化钾浓度的增加，金的浸出率逐渐增加。当氰化钾浓度为 6.25×10^{-3} mol/L 时，浸出率为 58.89%；当氰化钾浓度为 1.875×10^{-2} mol/L 时，浸出率为 86.03%；当氰化钾浓度高于 2.5×10^{-2} mol/L 后，浸出率缓慢增加，为氰化钾浓度增加到 3.75×10^{-2} mol/L 时，浸出率为 95.58%。虽然增加氰化物用量可以提高金的浸出率，但氰化物毒性大，其用量增加，浸出成本、后续处理的成本及难度均加大。

6.2.1.2 溶液 pH 值的影响

在金粉质量为 0.025 g，氰化钾浓度为 1.875×10^{-2} mol/L，转速为 300 r/min，溶液温度为 25 ℃，浸出时间为 3 h 的条件下，考查溶液 pH 值对金浸出率的影响，结果如图 6.27 所示。

由图 6.27 可知，金的浸出率随溶液 pH 值的增加而降低。这是因为随着 pH 值的增大，溶液中的 OH^- 浓度增加，当 pH 值增大到 11.5 时，OH^- 与溶液中 CN^- 的竞争作用迅速增大，致使金表面 CN^- 的数量明显减少，降低了氰化物对金的溶解。为了防止矿浆中的氰化钾水解及提高金的浸出率，确定溶液 pH 值为 10.5。

6.2.1.3 溶液温度的影响

在金粉质量为 0.025 g，氰化钾浓度为 1.875×10^{-2} mol/L，溶液 pH 值约为 10.5，转速为 300 r/min，浸出时间为 3 h 的条件下，考查溶液温度对金浸出率的影响，结果如图 6.28 所示。

由图 6.28 可以看出，溶液温度在 15~35 ℃时，金的浸出率随温度的升高而

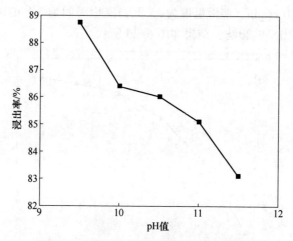

图 6.27 溶液 pH 值对金氰化浸出率的影响

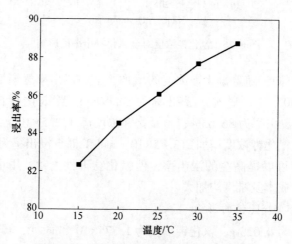

图 6.28 溶液温度对金氰化浸出率的影响

提高。这是因为在一定的温度范围内，提高温度有利于扩散系数增大及扩散层减薄，以及减薄产物在金表面积累生成的覆盖层，增加继续反应的面积，从而提高金的氰化浸出率。

6.2.1.4 转速的影响

在金粉质量为 0.025 g，氰化钾浓度为 1.875×10^{-2} mol/L，溶液 pH 值约为 10.5，溶液温度为 25 ℃，浸出时间为 3 h 的条件下，考查不同转速对金浸出率的影响，结果如图 6.29 所示。

由图 6.29 可知，不搅拌时，金的浸出率仅为 26.95%；随着转速的增加，浸出率迅速增加，当转速由 0 增加到 200 r/min 时，浸出率增加到 73.94%；当转速由 200 r/min 增加到 300 r/min 时，浸出率缓慢增加；当转速增加到 500 r/min 时，浸出率增加到 90.31%。浸出率增加幅度不大，说明在一定的搅拌转速范围内，继续增加搅拌转速对金的浸出率影响不大。通过搅拌可以使固液气三相充分接触，从而使浸出所需的溶解氧和氰化物较易扩散到矿物表面并发生氰化络合反应。

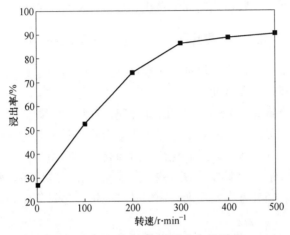

图 6.29 转速对金氰化浸出率的影响

6.2.1.5 浸出时间的影响

在金粉质量为 0.025 g，氰化钾浓度为 1.875×10^{-2} mol/L，溶液 pH 值约为 10.5，溶液温度为 25 ℃，转速为 300 r/min 的条件下，考查浸出时间对金浸出率的影响，结果如图 6.30 所示。

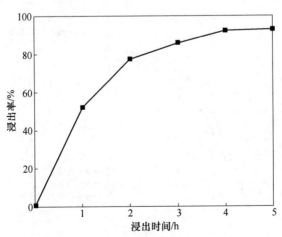

图 6.30 浸出时间对金氰化浸出率的影响

由图 6.30 可知，随着浸出时间的增加，金的浸出率逐渐增加。浸出 1 h 时，金的浸出率为 52.26%；随着浸出时间的延长，浸出率迅速增加，当浸出 4 h 时，浸出率增加到 92.58%，继续延长浸出时间，浸出率增加幅度不大。浸出时间对浸出率的影响较大，这是因为随着时间的延长，溶液中金的浓度逐渐增加，阻碍了金的继续浸出。浸出速率是浸出率与时间的比值，即图中的斜率。浸出 1 h 内，浸出速率较快，延长浸出时间，浸出速率缓慢降低，直至接近稳定。

6.2.2　石英及硅酸盐矿物对氰化浸金效果的影响及助浸机理

助浸剂可以分为氧化型助浸剂、胺类助浸剂、重金属盐助浸剂、螯合型助浸剂、其他新型助浸剂和混合助浸剂等。

对羟甲基纤维素钠、聚丙烯酰胺、柠檬酸三钠、柠檬酸、EDTA-4Na、十二烷基硫酸钠、磷酸氢二铵、N,N 二甲基十四烷基胺、硫酸铵、硅酸钠、六偏磷酸钠、六甲基四胺、高锰酸钾、过氧化镁、过氧化氢和重铬酸钾等药剂及其不同组合进行比较试验，结果表明柠檬酸三钠、过氧化镁和十二烷基硫酸钠可以提高金的氰化浸出效果。经考查，发现助浸剂柠檬酸三钠、过氧化镁和十二烷基硫酸钠的适宜配比为 6 : 3 : 1。

在常规氰化浸出技术的基础上，直接将助浸剂加入浸出体系，进行氰化浸出研究。石英及硅酸盐矿物粒度均为 0.053~0.074 mm。

6.2.2.1　石英对氰化浸金效果的影响及助浸剂研究

在金粉质量为 0.025 g，溶液 pH 值约为 10.5，转速为 300 r/min，溶液温度为 25 ℃，石英质量为 1 g，助浸剂用量为 0.1 g/L 的条件下，研究石英及助浸剂对金氰化浸出的影响，结果如图 6.31 所示。

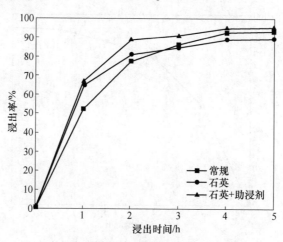

图 6.31　石英体系下助浸剂对金氰化浸出率的影响

由图6.31可知，在常规氰化浸金条件下，浸出1 h内金的浸出速率较快，浸出率达52.26%，之后随着浸出时间的延长，浸出率缓慢增加；加入石英后，浸出1 h内金的浸出率为64.86%，高于常规氰化浸金的浸出率，可能是因为随着反应的进行，石英与金颗粒表面的钝化物质相互作用，对金的溶解起到了催化作用，阻止了副产物 AuCN 的强吸附作用，3 h 以后浸出率低于常规氰化浸金的浸出率，此时溶解后的金的络合物与石英发生吸附，降低了金的回收率；浸出过程中加入助浸剂后，浸出 1 h 内的浸出率为67.70%，浸出 5 h 后的浸出率为95.10%。助浸剂的加入不但可使钝化的金粒表面恢复活性，提高金溶解电流密度，还可提高矿浆中的溶解氧含量；同时，助浸剂中的—OH 和—COO 官能团能有效吸附于含 $\equiv SiO^-$ 的石英矿物表面，对石英矿物表面进行改性，以减少石英与金及其络合物的相互作用，从而提高金的浸出效果。同时，搅拌增加了石英与金的摩擦，不仅能改善浸出状况，缩短浸出时间，还能提高浸出率。

6.2.2.2　长石对氰化浸金效果的影响及助浸剂研究

在金粉质量为 0.025 g，溶液 pH 值约为 10.5，转速为 300 r/min，溶液温度为 25 ℃，长石质量为 1 g，助浸剂用量为 0.1 g/L 的条件下，研究长石及助浸剂对金氰化浸出的影响，结果如图6.32所示。

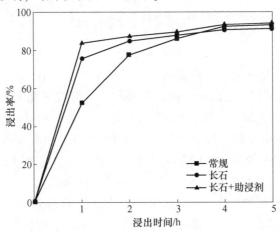

图 6.32　长石体系下助浸剂对金氰化浸出率的影响

由图6.32可知，加入长石后，浸出 3 h 内的浸出率均高于常规氰化浸金的浸出率，但 4 h 后的浸出率低于常规氰化浸金的浸出率；当在氰化钾溶液中加入长石和适量助浸剂后，浸出 1 h 内金的浸出率为83.93%，浸出速率最快，之后浸出率提高幅度甚微，浸出 5 h 后的浸出率为93.82%。可能是因为长石与钝化物质相互作用，对金的溶解起到了催化作用，阻止了副产物的强吸附作用；同时，助浸剂的加入提高了矿浆中的溶解氧含量，从而进一步提高了金的浸出率，二者起到了协同促进氰化浸金的作用。

6.2.2.3 云母对氰化浸金效果的影响及助浸剂研究

在金粉质量为 0.025 g，溶液 pH 值约为 10.5，转速 300 为 r/min，溶液温度为 25 ℃，云母质量为 1 g，助浸剂用量为 0.1 g/L 的条件下，研究云母及助浸剂对金氰化浸出的影响，结果如图 6.33 所示。

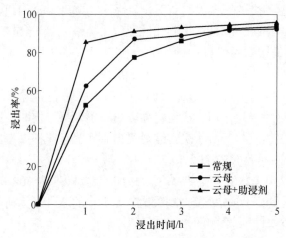

图 6.33 云母体系下助浸剂对金氰化浸出率的影响

由图 6.33 可知，加入云母的氰化浸金体系下，金的浸出率变化特性与加入石英类似，均为前期金的浸出率较高，有一定的催化作用，浸出 1 h 时，浸出率为 62.29%，随着浸出时间的延长浸出率逐步低于常规氰化浸金的浸出率，浸出 5 h 时，浸出率为 92.58%，低于常规氰化浸金浸出率 0.63%；在云母和助浸剂的组合作用下，浸出 5 h 时，金的浸出率高达 95.81%，比常规氰化浸金的浸出率高 2.60%。说明助浸剂的加入降低了云母对溶解后的金的吸附。

6.2.2.4 高岭石对氰化浸金效果的影响及助浸剂研究

在金粉质量为 0.025 g，溶液 pH 值约为 10.5，转速为 300 r/min，溶液温度为 25 ℃，高岭石质量为 1 g，助浸剂用量为 0.1 g/L 的条件下，研究高岭石及助浸剂对金氰化浸出的影响，结果如图 6.34 所示。

由图 6.34 可知，加入高岭石后，浸出 3 h 内的浸出率高于常规氰化浸金的浸出率，这是因为高岭石与金颗粒表面的钝化物质 $AuCN_{ads}$ 有吸附作用，阻碍了钝化膜厚度的增加，随着浸出时间的延长，浸出率低于常规氰化浸金的浸出率，此时溶解后金的络合物浓度增加，与高岭石的吸附作用增强，降低了金的回收率，浸出 5 h 内的浸出率，最高仅为 91.76%，低于常规氰化浸金浸出率 1.45%；加入助浸剂后浸出率可达 94.42%，高于常规氰化浸金浸出率 1.21%。因为高岭石属于黏土类矿物，一方面吸附溶解后的金溶液，另一方面增加矿浆的黏度，阻碍氰化物

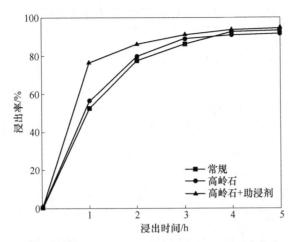

图 6.34 高岭石体系下助浸剂对金氰化浸出率的影响

与金的作用，恶化氰化浸出环境，导致氰化浸出时间长和浸出率低。助浸剂在金矿氰化浸出中起着非常重要的作用，其参与了金的溶解过程。加入助浸剂可以使溶液中的"有效活性氧"含量明显提高，同时，助浸剂中的官能团可以有效吸附于高岭石矿物表面，减弱高岭石与金及其络合物的相互作用，影响金矿的浸出效果，并在一定范围内改善氰化浸出环境，提高金的浸出率，缩短浸出时间。

6.3 石英及硅酸盐矿物与金或金氰化物作用的量子力学模拟

基于密度泛函的第一性原理方法，采用 Materials Studio 中的 CASTEP 模块，对石英、高岭石、钠长石和白云母的晶格结构进行优化。通过对交换关联泛函、平面波截断能、K 点的收敛性测试得到最佳的计算参数。对石英及 3 种硅酸盐矿物的能带结构、电子态密度和 Mulliken 布居进行分析，并对石英及 3 种硅酸盐矿物表面进行弛豫，找到合适的解理面，构建其与吸附物的表面作用模型，进行量子力学计算分析。

6.3.1 石英与金或金氰化物作用的量子力学模拟

石英晶体的电子结构研究见 3.4.1 节。

6.3.1.1 石英（101）面计算

石英没有解理面，文献中对于石英普遍采用（101）面作为研究对象[105]。因此本节针对石英（101）面开展研究。对于具有高表面能的面，有大的增长率表面，这个快速增长的表面不能表达生成的晶体结构[78]。真空层厚度暂定为 1.8 nm，对石英（101）面进行原子层厚度的测试，并计算表面能，结果见表 6.5。

表 6.5 石英（101）面不同原子层厚度及表面能

原子层厚度/nm	0.338	0.675	1.013	1.350	1.688
表面能/J·m^{-2}	1.003	1.257	1.279	1.281	1.295

由表6.5可知，当原子层厚度超过0.675 nm后，石英表面能的变化范围小于0.05 J/m^2，表明此时已达到稳定状态。表面能一般定义为产生单位表面积所需要做的可逆功，是测量给定面的热力学稳定性指标，值越低说明表面越稳定，表面结构越准确。综合考虑计算效率、金及其络合物的长度和计算准确性等因素，确定原子层厚度为1.350 nm。

在原子层厚度为1.350 nm时，对石英（101）面进行真空层厚度测试，并计算表面能，结果见表6.6。

表 6.6 真空层厚度对石英（101）面表面能的影响

真空层厚度/nm	1.6	1.8	2.0	2.2	2.4	2.6
表面能/J·m^{-2}	1.284	1.281	1.280	1.294	1.283	1.287

由表6.6可知，当真空层厚度超过1.8 nm后，真空层厚度的变化对表面能的影响不大，说明此时的石英表面已经达到稳定状态。综合考虑，确定真空层厚度为2.4 nm。

在原子层厚度为1.350 nm，真空层厚度为2.4 nm的条件下，对石英（101）面进行弛豫，弛豫前后的晶胞结构模型如图6.35所示。

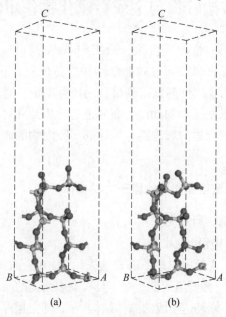

图 6.35 石英（101）面弛豫前后的晶胞结构模型

(a) 弛豫前；(b) 弛豫后

由图 6.35 可以看出，石英弛豫后的硅原子发生了明显的移动，表面的氧原子之间相互吸引，键长由 0.346 nm 缩短至 0.150 nm。

6.3.1.2 石英（101）面与吸附物的作用计算

氰化浸金在强碱性条件下进行，因此考查氢氧根离子、水分子、助浸剂、金及其络合物离子等在石英（101）面的吸附过程。以 OH^-、H_2O、Au、$AuCN$、$[Au(CN)_2]^-$、$C_6H_5O_7^{2-}$ 作为吸附物及以石英（101）面作为吸附体，计算结构优化后的吸附物和吸附体之间相互作用的能量。优化后的 OH^-、H_2O、Au、$AuCN$、$[Au(CN)_2]^-$ 和 $C_6H_5O_7^{2-}$ 在石英（101）面的几何吸附结构如图 6.36 所示，吸附能见表 6.7。

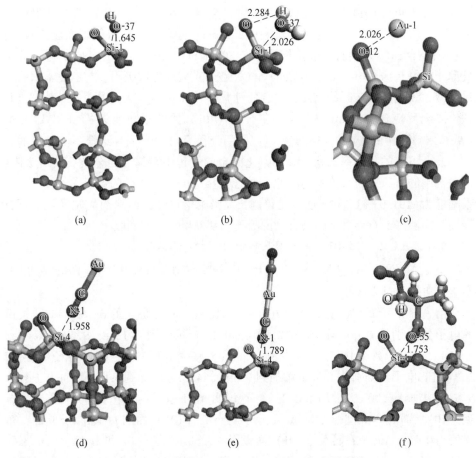

图 6.36 吸附物在石英（101）面的几何吸附结构

(a) OH^-；(b) H_2O；(c) Au；

(d) $AuCN$；(e) $[Au(CN)_2]^-$；(f) $C_6H_5O_7^{2-}$

表 6.7　吸附物在石英（101）面形成的键长及吸附能

吸附物	OH^-	H_2O	Au	AuCN	$[Au(CN)_2]^-$	$C_6H_5O_7^{2-}$
键长/nm	0.165	0.203	0.203	0.196	0.179	0.175
吸附能/kJ·mol^{-1}	-242.48	-55.87	-286.62	-57.80	-153.91	-191.03

若吸附物与矿物表面相互吸附后的吸附能为负时，表明能够吸附，并且其值越低，表明相互吸附的能力越强，因此可以用吸附能分析吸附物与矿物的作用强度[106]。由图 6.36 和表 6.7 可知，OH^- 中的氧原子结合 1 个硅原子使石英（101）面羟基化，并且相应的 Si—O 键的键长是 0.165 nm，吸附能为 -242.48 kJ/mol；H_2O 在石英（101）面的吸附能是 -55.87 kJ/mol，这表明水分子能吸附在石英表面并且在石英（101）面形成水化膜[107]；金单质在石英（101）面的吸附能为 -286.62 kJ/mol，Au—O 键的键长为 0.203 nm，这表明金在石英表面能够吸附；AuCN 在石英（101）面的吸附能为 -57.80 kJ/mol，AuCN 中的氮原子与石英中硅原子的键长为 0.196 nm，这表明 AuCN 在石英表面能够吸附，与电化学试验结果一致，说明原子之间的相互吸引会使钝化膜快速脱落，从而说明石英能够强化氰化浸金反应速率；$[Au(CN)_2]^-$ 在石英（101）面的吸附能为 -153.91 kJ/mol，$[Au(CN)_2]^-$ 中的氮原子与石英中硅原子的键长为 0.179 nm，结合不同粒级的石英与浸金溶液的吸附率试验，说明氰化浸金的过程中有部分的金被石英所吸附；助浸剂中的氧原子与石英中的硅原子结合，相应的 Si—O 键的键长是 0.175 nm，吸附能为 -191.03 kJ/mol。通过比较键长及吸附能可知，助浸剂优先吸附于石英表面，能够降低石英对金的络合物的吸附，从而增加金的回收率。

6.3.1.3　石英（101）面与吸附物作用的电子结构分析

Au、AuCN、$[Au(CN)_2]^-$ 和 $C_6H_5O_7^{2-}$ 等吸附物在石英（101）面的 Mulliken 布居分析结果见表 6.8。

由表 6.8 可知，Au 在石英（101）面吸附后，Au-1 原子的 6s、6p 和 5d 轨道的电子数分别从 0.96 e 减少到 0.82 e，0.14 e 减少到 0.13 e，9.68 e 减少到 9.45 e，总电子数从 10.79 e 减少到 10.40 e，减少了 0.39 e，O-12 原子的 2s 和 2p 轨道的电子数分别从 1.86 e 增加到 1.89 e，4.81 e 增加到 5.01 e，总电子数从 6.67 e 增加到 6.90 e，增加了 0.23 e，这说明 Au-1 原子上的电子部分转移到了石英（101）面的 O-12 原子上，Au-1 原子与石英（101）面的 O-12 原子成键，布居值为 0.28；AuCN 在石英（101）面吸附后，Si-4 原子的 3s 和 3p 轨道的电子数分别从 0.60 e 增加到 0.64 e，1.06 e 增加到 1.16 e，N-1 原子 2s 轨道的电子数从 1.73 e 减少到 1.59 e，说明 AuCN 中 N-1 原子的电子转移到了石英（101）面的 Si-4 原子上，成键布居值为 0.29；$[Au(CN)_2]^-$ 在石英（101）面吸附后，Si-4 原子的 3s 和 3p 轨道的电子数分别从 0.58 e 增加到 0.66 e，1.12 e 增加到1.21 e，

N-1 原子 2s 轨道的电子数从 1.62 e 减少到 1.54 e，说明 $[Au(CN)_2]^-$ 中 N-1 原子的电子转移到了石英（101）面的 Si-4 原子上，成键布居值为 0.42；$C_6H_5O_7^{2-}$ 中 O-55 原子的 2s 轨道的电子数从 1.93 e 减少到 1.78 e，2p 轨道的电子数从 4.44 e 增加到 4.93 e，总电子数从 6.37 e 增加到 6.70 e，增加了 0.40 e，石英中 Si-4 原子的 2s 和 2p 轨道的电子数分别从 0.60 e 增加到 0.65 e，1.06 增加到 1.16 e，总电子数从 1.67 e 增加到 1.81 e，增加了 0.14 e，$C_6H_5O_7^{2-}$ 中 O-55 和 Si-4 的成键布居值为 0.43。当重叠布居值为正值时，表明为成键状态，此外，Mulliken 重叠布居值越大，形成键的共价性越强。通过布居值的大小比较可知，吸附物与石英（101）面的吸附强度依次为 $C_6H_5O_7^{2-}$ > $[Au(CN)_2]^-$ > AuCN > Au。

表 6.8 吸附物在石英（101）面的 Mulliken 布居分析结果

吸附物	原子	状态	s 轨道电子数/e	p 轨道电子数/e	d 轨道电子数/e	总电子数/e	电荷数/e	布居值
Au	Au-1	吸附前	0.96	0.14	9.68	10.79	0.21	0.28
		吸附后	0.82	0.13	9.45	10.40	0.60	
	O-12	吸附前	1.86	4.81	—	6.67	−0.67	
		吸附后	1.89	5.01	—	6.90	−0.90	
AuCN	N-1	吸附前	1.73	3.63	—	5.36	−0.36	0.29
		吸附后	1.59	3.87	—	5.46	−0.46	
	Si-4	吸附前	0.60	1.06	—	1.67	2.33	
		吸附后	0.64	1.16	—	1.80	2.20	
$[Au(CN)_2]^-$	N-1	吸附前	1.62	3.79	—	5.41	−0.41	0.42
		吸附后	1.54	4.06	—	5.60	−0.60	
	Si-4	吸附前	0.58	1.12	—	1.70	2.30	
		吸附后	0.66	1.21	—	1.87	2.13	
$C_6H_5O_7^{2-}$	O-55	吸附前	1.93	4.44	—	6.37	−0.37	0.43
		吸附后	1.78	4.93	—	6.70	−0.7	
	Si-4	吸附前	0.60	1.06	—	1.67	2.33	
		吸附后	0.65	1.16	—	1.81	2.19	

对吸附能、电子结构、Mulliken 布居和键长等的分析表明，金及其络合物吸附到了石英（101）面。综上可知，Materials Studio 模拟试验证明石英能够提高氰化浸金速率，减缓钝化膜的生成，同时还能降低金的回收率。DAIGLE 等人[108]。应用交换关联泛函理论计算了不同金表面与氧原子的相互作用，得到了每个表面可能存在的吸附原子位置的相对结合能。金（111）面中心位置与氧原

子结合最强，金（211）面边缘与氧原子结合最强，说明 OH^- 和 H_2O 不仅与石英吸附，而且可能与金表面相互作用。VASSILEV 等人[109]利用交换关联泛函理论模拟了氧在金表面的电化学还原过程，证明 Au(100) 面和 Au(111) 面吸附了 O_2 和 H_2O。MOHAMMADNEJAD 等人[86]采用交换关联泛函理论研究了含氯羟基金、硫代硫酸盐金和硫脲金等金配合物与质子化和去质子化硅酸盐单体的相互作用。上述研究均证明了金配合物与石英的相互作用与试验测定的吸附量密切相关，说明了含金硅酸盐矿中的金在浸出过程中流失的原因，此外还说明助浸剂的加入阻碍了石英对金的络合物的吸附。

6.3.2 钠长石与金或金氰化物作用的量子力学模拟

6.3.2.1 钠长石晶体电子结构研究

计算采用的结构和能量优化收敛性参数为：（1）能量收敛精度为 $2×10^{-5}$ eV/atom；（2）最大力收敛精度为 0.05 eV/nm；（3）最大位移收敛精度为 $2×10^{-4}$ nm；（4）最大应力为 0.1 GPa；（5）自洽迭代收敛精度为 $1.0×10^{-6}$ eV/atom。

A 钠长石晶体收敛性测试

采用 Materials Studio 中的 CASTEP 模块，对钠长石的能带结构、电子态密度、Mulliken 布居和前线轨道进行计算。对钠长石的原胞模型进行优化处理，以选取最佳交换关联泛函、K 点和平面波截断能。钠长石的原胞模型如图 6.37 所示。

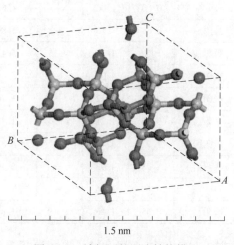

1.5 nm

图 6.37 钠长石的原胞结构模型

初始计算采用的平面波截断能为 370 eV，K 点取 3×2×4，考查不同交换关联泛函对钠长石晶体几何构型的误差，计算结果见表 6.9。

表6.9 不同交换关联泛函的优化结果

矿物	函数	a/nm	b/nm	c/nm	误差/%
钠长石	试验值	0.812	1.276	0.716	—
	GGA-PBE	0.829	1.291	0.724	2.191
	GGA-RPBE	0.841	1.301	0.728	3.641
	GGA-PW91	0.828	1.291	0.724	2.031
	GGA-WC	0.827	1.286	0.722	1.871
	GGA-PBESOL	0.821	1.286	0.722	1.157

由表6.9可知，采用GGA-PBESOL函数计算的钠长石的晶格常数误差最小，为1.157%，且对应的单胞总能量最低。同时考虑计算成本及计算精度，确定交换关联泛函为GGA-PBESOL。

在交换关联泛函为GGA-PBESOL的条件下，对钠长石的K点收敛性进行测试，结果如图6.38所示。

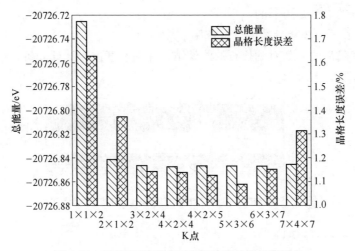

图6.38 钠长石的不同K点能量和晶格长度误差

由图6.38可知，当布里渊区K点选择5×3×6时，体系的总能量最小，此时晶格长度误差也最小，为1.09%，并且最接近试验值。综合考虑，K点选择5×3×6。

在交换关联泛函为GGA-PBESOL，K点为5×3×6的条件下，对截断能进行收敛性测试，结果如图6.39所示。

由图6.39可知，随着截断能的增加，体系总能量呈下降趋势，当截断能为460 eV时，晶格长度误差最小。而当截断能超过460 eV后，体系能量变化趋于

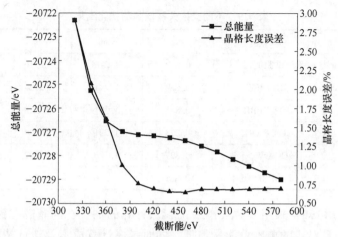

图 6.39 钠长石的不同截断能的能量和晶格长度误差

稳定。因此,最佳截断能为 460 eV。计算结果表明,体系总能量为 -20727.362 eV,晶格长度误差为 0.646%。计算结果与试验结果的误差较小,表明计算所采用的方法及选取的参数是可靠的。

   B 钠长石晶体能带结构及态密度分析

   采用优化后的参数对钠长石的能带结构和态密度进行计算分析,结果分别如图 6.40 和图 6.41 所示。

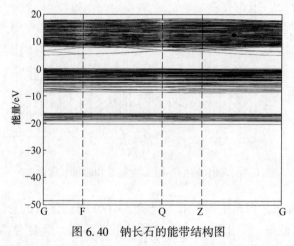

图 6.40 钠长石的能带结构图

   取费米能级为能量零点。由图 6.40 可知,钠长石的禁带宽度为 4.947 eV。一般情况下,半导体的禁带宽度在 2 eV 以下,绝缘体的禁带宽度高于 3 eV。由于钠长石的禁带宽度大,价带电子很难激发跃迁至导带,导带为电子空带,价带为电子满带,因而电子既不能在价带也不能在导带迁移。计算结果表明,钠长石属于绝缘体,无导电性。

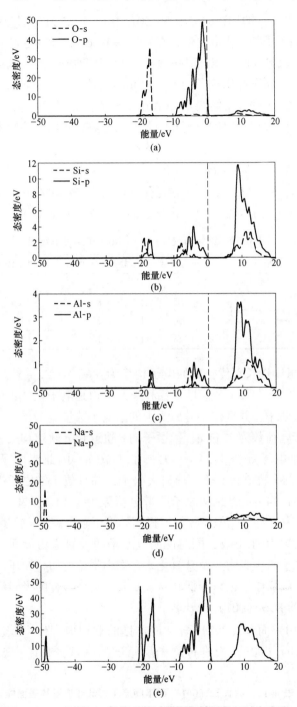

图 6.41 钠长石的态密度图

(a) 氧原子；(b) 硅原子；(c) 铝原子；(d) 钠原子；(e) 钠长石

由图 6.41 可知，钠长石的能带在-50~20 eV 内分为 4 部分；在-50~47 eV 的价带主要由钠原子的 s 轨道贡献；在-22~-16 eV 的价带主要由钠原子的 p 轨道、氧原子的 s 轨道共同贡献，其中贡献最大的是钠原子的 p 轨道；在-10~1 eV 主要由氧原子、硅原子和铝原子的 p 轨道共同贡献，其中贡献最大的是氧原子的 p 轨道；在 5~20 eV 的导带能级主要由硅原子和铝原子的 s 轨道和 p 轨道贡献。由此可知，在吸附过程中，钠长石与金及其络合物作用时，主要是氧原子的 p 轨道发生作用。

C　钠长石晶体的 Mulliken 布居分析

钠长石的 O、Si、Al、Na 原子在优化前的价电子构型分别为：氧 $2s^22p^4$，硅 $3s^23p^2$，铝 $3s^23p^1$，钠 $2s^22p^63s^1$。优化后的原子布居见表 6.10。

表 6.10　钠长石晶体的 Mulliken 布居分析结果

矿物	原子	s 轨道电子数/e	p 轨道电子数/e	总电子数/e	电荷数/e
钠长石	O	1.85	5.34	7.19	-1.19
	Na	2.05	5.80	7.86	1.14
	Si	0.64	1.25	1.89	2.11
	Al	0.46	0.78	1.24	1.76

由表 6.10 可知钠长石优化后的电子构型为：氧 $2s^{1.85}2p^{5.34}$，硅 $3s^{0.64}3p^{1.25}$，铝 $3s^{0.46}3p^{0.78}$，钠 $2s^{2.05}2p^{5.80}$。硅、铝和钠原子均是电子供体；硅原子的 s 轨道和 p 轨道均失去电子，并且位于硅原子中的总电子数量是 1.89 e，失去了 2.11 e，因此硅原子所带电荷数为 2.11 e；铝原子的 s 轨道和 p 轨道均失去电子，并且位于铝原子中的总电子数是 1.24 e，失去了 1.76 e，因此铝原子所带电荷数为 1.76 e；钠原子的 s 轨道和 p 轨道均失去电子，并且位于钠原子中的总电子数是 7.86 e，失去了 1.14 e，因此钠原子所带电荷数为 1.14 e。氧原子是电子受体，氧原子的 s 轨道失去电子，但是 p 轨道得到的电子数远高于 s 轨道失去的电子数。氧原子所带电荷数为-1.19 e，同时说明氧原子的 p 轨道为最活跃的轨道，因此钠长石中的氧原子易于吸附金及其氰化络合物中带正电的金原子。新型助浸剂应能钝化钠长石中的氧原子，以降低其与金及其氰化络合物的吸附活性。

6.3.2.2　钠长石（001）面计算

钠长石（010）面和（001）面是最常见的解理面[110]。真空层厚度暂定为 2.0 nm，对钠长石（001）面进行原子层厚度的测试，并计算表面能，结果见表 6.11。

表 6.11　钠长石（001）面不同原子层数厚度下的表面能

原子层厚度/nm	0.598	1.240	1.882	2.524	3.166
表面能/J·m⁻²	0.595	0.594	0.594	0.594	0.593

由表 6.11 可知，当原子层厚度高于 0.598 nm 后，钠长石表面能的变化范围小于 0.05 J/m²，表明此时已达到稳定状态。综合考虑计算效率和计算准确性等因素，确定原子层厚度为 1.240 nm。

在原子层厚度为 1.240 nm 时，对钠长石（001）面进行真空层厚度测试，并计算表面能，结果见表 6.12。

表 6.12 真空层厚度对钠长石（001）面表面能的影响

真空层厚度/nm	1.0	1.2	1.4	1.6	1.8	2.0
表面能/J·m⁻²	0.594	0.595	0.595	0.594	0.594	0.594

由表 6.12 可知，当真空层厚度在 1.0~2.0 nm 内时，真空层厚度的变化对表面能的影响不大，说明此时的钠长石（001）面已经达到稳定状态。综合考虑，确定真空层厚度为 1.6 nm。

在原子层厚度 1.240 nm，真空层厚度为 1.6 nm 的条件下，对钠长石（001）面进行弛豫，弛豫前后的晶胞结构模型如图 6.42 所示。

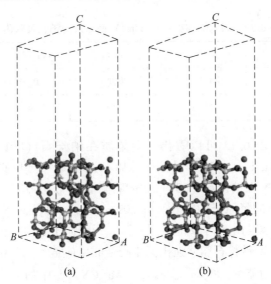

图 6.42 钠长石（001）面弛豫前后的晶胞结构模型

(a) 弛豫前；(b) 弛豫后

由图 6.42 可以看出，钠长石弛豫后的钠原子发生了明显的移动，表面的氧原子之间因相互吸引而靠近。

6.3.2.3 钠长石（001）面与吸附物的作用计算

计算结构优化后的吸附物和吸附体之间相互作用的能量。优化后的 Au、AuCN、$[Au(CN)_2]^-$ 和 $C_6H_5O_7^{2-}$ 在钠长石（001）面的几何吸附结构如图 6.43 所示，吸附能见表 6.13。

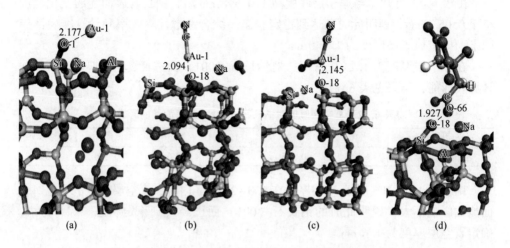

图 6.43 吸附物在钠长石 (001) 面的几何吸附结构

(a) Au; (b) AuCN; (c) $[Au(CN)_2]^-$; (d) $C_6H_5O_7^{2-}$

表 6.13 吸附物在钠长石 (001) 面形成的键长及吸附能

吸附物	Au	AuCN	$[Au(CN)_2]^-$	$C_6H_5O_7^{2-}$
键长/nm	0.218	0.209	0.215	0.193
吸附能/kJ·mol⁻¹	−153.63	−116.07	−80.44	−281.33

由图 6.43 和表 6.13 可以看出，金单质在钠长石 (001) 面的吸附能为 −153.63 kJ/mol，Au-1—O-18 的键长为 0.218 nm，这表明金单质在钠长石 (001) 面能够吸附；AuCN 在钠长石 (001) 面的吸附能为 −116.07 kJ/mol，AuCN 中的金原子与钠长石中的氧原子的键长为 0.209 nm，这表明 AuCN 在钠长石 (001) 面能够吸附，此结果与电化学试验结果一致，说明原子之间的相互吸引使钝化膜快速脱落，从而说明钠长石能够强化氰化浸金的反应速率；$[Au(CN)_2]^-$ 在钠长石 (001) 面的吸附能为 −80.44 kJ/mol，$[Au(CN)_2]^-$ 中的金原子与钠长石中的氧原子的键长为 0.215 nm；助浸剂中的氧原子与钠长石中的氧原子结合，相应的 O—O 的键长是 0.193 nm，吸附能为 −281.33 kJ/mol。通过比较键长及吸附能可知，氰化浸金的过程中有部分的金及其络合物被钠长石吸附，助浸剂优先吸附于钠长石表面，能够降低钠长石对金的络合物的吸附，从而增加金的回收率。

6.3.2.4 钠长石 (001) 面与吸附物作用的电子结构分析

Au、AuCN、$[Au(CN)_2]^-$ 和 $C_6H_5O_7^{2-}$ 在钠长石 (001) 面吸附的 Mulliken 布居分析结果见表 6.14。

表 6.14 Au、AuCN、[Au(CN)$_2$]$^-$ 和 C$_6$H$_5$O$_7^{2-}$ 在钠长石

(001) 面的 Mulliken 布居分析结果

吸附物	原子	状态	s 轨道 电子数/e	p 轨道 电子数/e	d 轨道 电子数/e	总电子数/e	电荷数/e	布居值
Au	Au-1	吸附前	1.03	0.15	9.75	10.93	0.07	0.21
		吸附后	1.21	0.15	9.71	11.07	-0.07	
	O-18	吸附前	1.90	5.15	—	7.05	-1.05	
		吸附后	1.88	5.11	—	6.99	-0.99	
AuCN	Au-1	吸附前	1.11	0.04	9.61	10.77	0.23	0.25
		吸附后	1.13	0.06	9.60	10.78	0.22	
	O-18	吸附前	1.87	5.24	—	7.10	-1.10	
		吸附后	1.86	5.22	—	7.08	-1.08	
[Au(CN)$_2$]$^-$	Au-1	吸附前	0.76	0.20	9.24	10.21	0.79	0.23
		吸附后	0.83	0.21	9.40	10.45	0.55	
	O-18	吸附前	1.88	5.24	—	7.12	-1.12	
		吸附后	1.87	5.18	—	7.05	-1.05	
C$_6$H$_5$O$_7^{2-}$	O-66	吸附前	1.90	4.40	—	6.30	-0.30	0.39
		吸附后	1.83	4.62	—	6.47	-0.47	
	O-18	吸附前	1.91	4.83	—	6.74	-0.74	
		吸附后	1.87	4.74	—	6.61	-0.61	

由表 6.14 可知，Au 在钠长石 (001) 面吸附后，Au-1 原子的 6s 轨道的电子数从 1.03 e 增加到 1.21 e，5d 轨道的电子数从 9.75 e 减少到 9.71 e，总电子数从 10.93 e 增加到 11.07 e，增加了 0.14 e；O-18 原子的 2s 和 2p 轨道的电子数分别从 1.90 e 减少到 1.88 e，5.15 e 减少到 5.11 e，总电子数从 7.05 e 减少到 6.99 e，减少了 0.06 e。这说明钠长石表面 O-18 原子上的电子部分转移到了 Au-1 原子上。Au-1 原子与钠长石 (001) 面的 O-18 原子的成键布居值为 0.21。从布居值和键长可以看出，Au 与钠长石 (001) 面的氧原子的成键作用比较强。通过比较布居值可知，吸附物与钠长石 (001) 面的吸附强度由大到小依次为 C$_6$H$_5$O$_7^{2-}$ > AuCN > [Au(CN)$_2$]$^-$ > Au。对吸附能、电子结构、Mulliken 电荷总数和键长分析表明，金及其络合物吸附到了钠长石 (001) 面。助浸剂 C$_6$H$_5$O$_7^{2-}$ 的加入阻碍了钠长石对金及其氰化络合物的吸附，提高了金的回收率。

6.3.3 白云母与金或金氰化物作用的量子力学模拟

首先，使用基于密度泛函理论的量子力学方法，采用 Materials Studio 的

CASTEP 模块对各矿物表面进行弛豫，找到合适的解理面。其次，构建药剂分子的表面作用模型，进行量子力学计算分析。白云母晶体电子结构研究见 4.2.2.1 节。

6.3.3.1 白云母 (001) 面计算

真空层厚度暂定为 2.0 nm，对白云母 (001) 面进行原子层厚度的测试，并计算表面能，结果见表 6.15。

表 6.15 不同原子层厚度下的表面能

原子层厚度/nm	0.833	1.828	2.823	3.819	4.814	5.810
表面能/J·m^{-2}	0.299	0.302	0.299	0.295	0.292	0.289

由表 6.15 可知，当原子层厚度高于 0.833 nm 后，白云母表面能的变化范围小于 0.05 J/m^2，表明此时已达到稳定状态。综合考虑计算效率和计算准确性等因素，确定原子层厚度为 3.819 nm。

在原子层厚度为 3.819 nm 时，对白云母 (001) 面进行真空层厚度测试，并计算表面能，结果见表 6.16。

表 6.16 真空层厚度对白云母 (001) 面表面能的影响

真空层厚度/nm	1.0	1.2	1.4	1.6	1.8	2.0
表面能/J·m^{-2}	0.295	0.310	0.318	0.321	0.328	0.331

由表 6.16 可知，当真空层厚度在 1.0~2.0 nm 内时，真空层厚度的变化对表面能的影响不大，说明此时的白云母 (001) 面已经达到稳定状态。综合考虑，确定真空层厚度为 1.6 nm。

在原子层厚度为 3.819 nm，真空层厚度为 1.6 nm 的条件下，对白云母 (001) 面进行弛豫，弛豫前后的晶胞结构模型如图 6.44 所示。

由图 6.44 可以看出，白云母弛豫后的钾原子发生了明显的移动，表面的氧原子之间因相互吸引而靠近。

6.3.3.2 白云母 (001) 面与吸附物的作用计算

将 $AuCN$、$[Au(CN)_2]^-$ 和 $C_6H_5O_7^{2-}$ 作为被吸附物，白云母 (001) 面作为吸附体，计算吸附物和吸附体之间相互作用的能量。在吸附之前，$AuCN$、$[Au(CN)_2]^-$ 和 $C_6H_5O_7^{2-}$ 被放在 $10\times10\times10$ 立方晶胞内进行优化。计算时，K 点选择 α 点。

优化后的 $AuCN$、$[Au(CN)_2]^-$ 和 $C_6H_5O_7^{2-}$ 在白云母 (001) 面的几何吸附结构如图 6.45 所示，计算的相关吸附能见表 6.17。

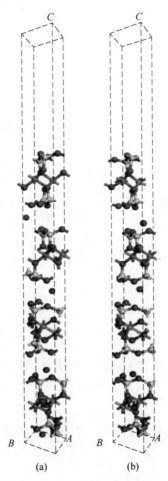

图 6.44 白云母（001）面弛豫前后的晶胞结构模型

(a) 弛豫前；(b) 弛豫后

　　由图 6.45 和表 6.17 可知，AuCN 在白云母（001）面的吸附能为 -125.78 kJ/mol，AuCN 中的氮原子与白云母中的硅原子的键长为 0.193 nm，这表明 AuCN 在白云母（001）面能够吸附，与电化学试验结果一致，说明原子之间的相互吸引使钝化膜快速脱落，从而说明白云母能够强化氰化浸金反应速率；$[Au(CN)_2]^-$ 与白云母（001）面的吸附能为 -134.63 kJ/mol，$[Au(CN)_2]^-$ 中的氮原子与白云母中的硅原子的键长为 0.189 nm，这表明 $[Au(CN)_2]^-$ 在白云母（001）面能够吸附，结合不同粒级白云母与浸金溶液的吸附率试验，说明氰化浸金的过程中有部分的金及其络合物被白云母所吸附；助浸剂中氧原子与白云母中的硅原子结合，相应的 O—Si 的键长是 0.183 nm，吸附能为 -226.67 kJ/mol。通

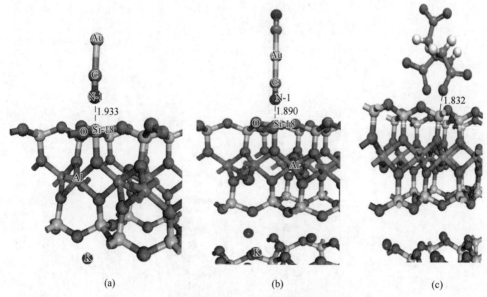

(a)　　　　　　　　　　(b)　　　　　　　　　　(c)

图 6.45　吸附物在白云母（001）面的吸附几何构型

（a）AuCN；（b）[Au(CN)$_2$]$^-$；（c）C$_6$H$_5$O$_7^{2-}$

过比较键长及吸附能可知，氰化浸金的过程中首部分金的络合物被白云母吸附，助浸剂优先吸附于白云母表面，能够降低白云母对金的络合物的吸附，从而增加金的回收率。

表 6.17　吸附物在白云母（001）面形成的键长及吸附能

吸附物	AuCN	[Au(CN)$_2$]$^-$	C$_6$H$_5$O$_7^{2-}$
键长/nm	0.193	0.189	0.183
吸附能/kJ·mol^{-1}	−125.78	−134.63	−226.67

6.3.3.3　白云母（001）面与吸附物作用的电子结构分析

白云母（001）面吸附 [Au(CN)$_2$]$^-$ 的 Mulliken 布居分析结果见表 6.18。

表 6.18　白云母（001）面吸附 [Au(CN)$_2$]$^-$ 的 Mulliken 布居分析结果

吸附物	原子	状态	s轨道 电子数/e	p轨道 电子数/e	总电子数/e	电荷数/e	布居值
[Au(CN)$_2$]$^-$	N-1	吸附前	1.67	3.77	5.44	−0.44	0.41
		吸附后	1.56	4.01	5.57	−0.57	
	Si-18	吸附前	0.59	1.15	1.74	2.26	
		吸附后	0.64	1.19	1.83	2.17	

由表 6.18 可知，$[Au(CN)_2]^-$ 在白云母（001）面吸附后，Si-18 原子的 3s 和 3p 轨道的电子数分别从 0.59 e 增加到 0.64 e，1.15 e 增加到 1.19 e，N-1 原子 2s 轨道电子数从 1.67 e 减少到 1.56 e，2p 轨道电子数由 3.77 e 增加到 4.01 e，说明 $[Au(CN)_2]^-$ 中 N-1 原子的电子转移到了白云母（001）面的 Si-18 原子上，成键布居值为 0.41。

对吸附能、电子结构、Mulliken 电荷数和键长的分析结果表明，$[Au(CN)_2]^-$ 吸附到了白云母（001）面。助浸剂 $C_6H_5O_7^{3-}$ 的加入阻碍了白云母对金及其氰化络合物的吸附，提高了金的回收率。

6.3.4 高岭石与金或金氰化物作用的量子力学模拟

首先，使用基于密度泛函理论的量子力学方法，采用 Materials Studio 的 CASTEP 模块对各矿物表面进行弛豫，找到合适的解理面。其次，构建药剂分子的表面作用模型，进行量子力学计算分析。高岭石晶体电子结构研究见 4.2.3.1 节。

6.3.4.1 高岭石（001）面计算

高岭石（001）面能量最低[82]，因此选择高岭石（001）面进行计算。切的平面波截断能设定为 500 eV，K 点设定为 3×2×1，获得 1 个准确的高岭石表面层。层的深度由 0.529 nm 到 4.069 nm，真空层厚度由 1.0 nm 到 2.0 nm。表面能计算公式见式（2.4）。

真空层厚度暂定为 2.0 nm，对高岭石（001）面进行原子层厚度的测试，并计算表面能，结果见表 6.19。

表 6.19　不同原子层厚度下的表面能

原子层厚度/nm	0.529	1.237	1.945	2.653	3.361	4.069
表面能/J·m^{-2}	0.164	0.221	0.210	0.192	0.174	0.159

由表 6.19 可知，当原子层厚度高于 1.237 nm 后，高岭石表面能的变化范围小于 0.05 J/m^2，表明此时已达到稳定状态。综合考虑，确定原子层厚度为 2.653 nm。确定原子层厚度后对高岭石（001）面进行真空层厚度测试，并计算表面能，结果见表 6.20。

表 6.20　不同真空层厚度下的表面能

真空层厚度/nm	1.0	1.2	1.4	1.6	1.8	2.0
表面能/J·m^{-2}	0.174	0.181	0.185	0.188	0.190	0.192

由表 6.20 可以看出，当真空层厚度达到 1.0 nm 时，真空层厚度的变化对表面能的影响不大，说明此时的高岭石（001）面已经达到稳定状态。综合考虑，

确定真空层厚度为 1.6 nm。对高岭石（001）面进行弛豫，弛豫前后的晶胞结构模型如图 6.46 所示。

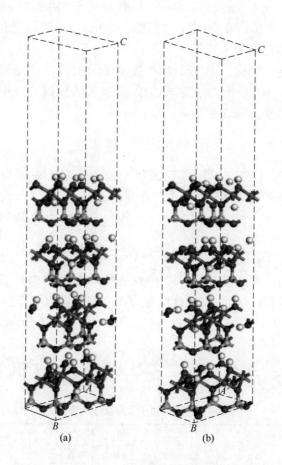

图 6.46   高岭石（001）面弛豫前后的晶胞结构模型

(a) 弛豫前；(b) 弛豫后

由图 6.46 可以看出，高岭石弛豫后的氢原子发生了明显的移动。

6.3.4.2   高岭石（001）面与吸附物的作用计算

氰化浸金在强碱性条件下进行，因此以 OH^-、H_2O、$AuCN$、$[Au(CN)_2]^-$ 和 $C_6H_5O_7^{2-}$ 作为被吸附物，高岭石（001）面作为吸附体，计算优化后的吸附物和吸附体之间相互作用的能量。优化后的 OH^-、H_2O、$AuCN$、$[Au(CN)_2]^-$ 和 $C_6H_5O_7^{2-}$ 在高岭石（001）面的几何吸附结构如图 6.47 所示，吸附能见表 6.21。

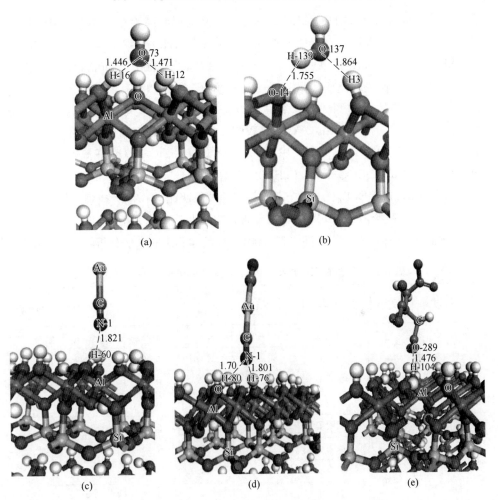

图 6.47 吸附物在高岭石 (001) 面的吸附几何构型

(a) OH⁻; (b) H₂O; (c) AuCN; (d) [Au(CN)₂]⁻; (e) C₆H₅O₇²⁻

表 6.21 吸附物在高岭石 (001) 面形成的键长和吸附能

吸附物	OH^-	H_2O	AuCN	$[Au(CN)_2]^-$	$C_6H_5O_7^{2-}$
键长/nm	1.446	1.755	1.821	1.701	-1.467
吸附能/kJ·mol⁻¹	-438.01	-33.51	-263.01	-428.14	-293.49

由图 6.47 和表 6.21 可知,OH^- 在高岭石 (001) 面的吸附能为 -438.01 kJ/mol,作用比较强,形成了氢键[111];H_2O 的吸附能是 -33.51 kJ/mol,这表明水分子能吸附在高岭石 (001) 面形成水化膜;AuCN 在高岭石 (001) 面的吸附能为 -263.01 kJ/mol,AuCN 中的氮原子与高岭石中的氢原子的键长为 0.182 nm,这表明 AuCN 在高岭石 (001) 面能够吸附,与电化学试验结果一致,

说明原子之间的相互吸引使钝化膜快速脱落，从而说明高岭石能够强化氰化浸金反应速率；$[Au(CN)_2]^-$ 在高岭石（001）面的吸附能为-428.14 kJ/mol，N—H键的键长为 0.170 nm，这表明 $[Au(CN)_2]^-$ 在高岭石（001）面能够吸附。闵新民等人[112]用交换关联泛函离散变分方法研究了金和高岭石的作用，结果表明，当金位于层状高岭石的侧面时，氧原子以螯合的形式与金原子形成较强的共价键，金靠近铝的模型中，Au-O 离子键较强，电荷分配更有利于体系的稳定，比金靠近铝空位的模型更为稳定。由表 6.21 还可看出，$C_6H_5O_7^{2-}$ 在高岭石（001）面的吸附能为-293.49 kJ/mol，$C_6H_5O_7^{2-}$ 中的氧原子与高岭石中的氢原子的键长为-0.147 nm，这表明 $C_6H_5O_7^{2-}$ 在高岭石表面能够吸附，作用力较强。

6.3.4.3 高岭石（001）面与吸附物作用的电子结构分析

AuCN 和 $[Au(CN)_2]^-$ 在高岭石（001）面的 Mulliken 布居分析结果见表 6.22。

表 6.22 吸附物在高岭石（001）面的 Mulliken 布居分析结果

吸附物	原子	状态	s 轨道 电子数/e	p 轨道 电子数/e	总电子数 /e	电荷数/e	布居值
AuCN	N-1	吸附前	1.71	3.77	5.48	−0.48	0.11
		吸附后	1.67	3.82	5.49	−0.49	
	H-60	吸附前	0.51	—	0.51	0.49	
		吸附后	0.57	—	0.57	0.47	
$[Au(CN)_2]^-$	N-1	吸附前	1.68	3.85	5.53	−0.53	0.13
		吸附后	1.65	3.94	5.59	−0.59	
	H-80	吸附前	0.54	—	0.54	0.46	
		吸附后	0.55	—	0.55	0.45	

由表 6.22 可知，AuCN 在高岭石（001）面吸附后，N-1 原子的 2s 和 2p 轨道的电子数分别从 1.71 e 减少到 1.67 e，3.77 e 增加到 3.82 e，总电子数从 5.48 e 增加到5.49 e，增加了 0.01 e，H-60 原子的 1s 轨道的电子数从 0.51 e 增加到 0.57 e，增加了 0.06 e，布居值为 0.11；$[Au(CN)_2]^-$ 在高岭石（001）面吸附后，N-1 原子的 2s 和 2p 轨道的电子数分别从 1.68 e 减少到 1.65 e，3.85 e增加到 3.94 e，总电子数从 5.53 e 增加到 5.59 e，增加了 0.06 e，H-80 原子的1s 轨道的电子数从 0.54 e 增加到 0.55 e，增加了 0.01 e，布居值为 0.13。$C_6H_5O_7^{2-}$ 在高岭石（001）面吸附后 O-289 和 H-104 所成布居值为 0.21。

对吸附能、电子结构、Mulliken 电荷数和键长的分析结果表明，金的络合物吸附到了高岭石（001）面。助浸剂 $C_6H_5O_7^{2-}$ 的加入阻碍了高岭石对金及其氰化络合物的吸附，提高了金的回收率。

6.3.5 助浸剂的作用机理

助浸剂的主要成分为柠檬酸三钠，其次为过氧化镁和十二烷基硫酸钠。在金矿石氰化助浸体系下，溶液中含有大量的 $\equiv SiO^-$、金及其络合物、表面活性剂离子、过氧化物离子、氧分子和氰根离子。

石英和硅酸盐类矿物在湿法处理过程中会发生化学或机械化学反应，生成活性半晶相或非晶相硅胶类组分，如碱金属（铝）硅酸盐、短链硅酸盐及聚合硅[53]。金矿石在磨矿过程中，石英及硅酸盐类矿物也会生成部分硅胶类组分，该组分具有较强的活性，会与溶液中的金及其络合物发生吸附。HAN 等人[113]进行的电化学试验结果表明，石英粒度越细，氰化浸金的溶解速率越快，金在石英上的吸附率越大；并且用密度泛函理论解释了 AuCN 和 $[Au(CN)_2]^-$ 与石英的吸附机理。在氰化浸金体系下助浸剂的作用机理如图 6.48 所示。

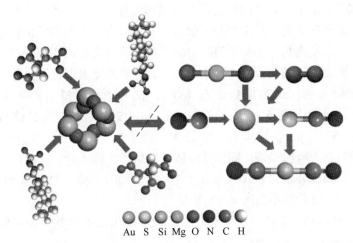

Au　S　Si　Mg　O　N　C　H

图 6.48　氰化浸金体系下助浸剂作用机理示意图

助浸剂中的柠檬酸三钠在溶液中电离出的—OH 和—COO 官能团能有效吸附于含 $\equiv SiO^-$ 的石英及硅酸盐类矿物表面，以减少石英及硅酸盐类矿物与金及其络合物的相互作用，提高金的回收率。助浸剂中的过氧化镁能有效提高溶液的氧化电位，阻碍钝化膜的生成，加速金的氧化溶解；氧化溶解稳定释放的氧气作为浸出反应物，将缓慢持久地分散到矿浆中，增加浸金体系中溶解氧的含量，强化氰化浸出过程，加快金的氰化浸出速率，缩短氰化浸出时间。助浸剂中的十二烷基硫酸钠在溶液中电离产生的十二烷基硫酸根离子会包裹石英、黏土类和泥类等含硅矿物，抑制脉石矿物对氰化物及金络合物的吸附，阻碍含硅矿物对金矿石的"劫金"作用；同时十二烷基硫酸钠可以用作分散剂分散矿浆，增加金与氰根离子的接触面积，从而降低氰化物用量，提高金的回收率。

6.4　金矿石氰化浸出的助浸研究

对典型的三种金矿石——含金氧化矿、难处理含金硫化矿和含碳金矿石进行浸出试验，分别考查了磨矿细度、氰化物用量、溶液 pH 值、溶液温度、搅拌转速和浸出时间对金浸出效果的影响。根据浸出前后浸出液中金浓度及浸出渣中金含量的变化，计算金的浸出率，研究新型助浸剂的助浸效果，以减少石英及硅酸盐类矿物与金的相互作用，以及提高金的浸出速率及回收率。

6.4.1　氧化矿型金矿石的助浸技术

矿石性质见 2.1.2.1 节。

6.4.1.1　磨矿细度对浸金效果的影响

磨矿细度决定了金矿物的解离程度或暴露程度[114]。磨矿细度越细越有利于金矿物的解离和提高金与浸出液的接触面积，从而有利于金的浸出；但磨矿细度增加将使矿浆黏度提高，不利于溶解金的扩散，并且会造成固液分离困难，此外还会造成能源的大量消耗[115]。因此，适当的磨矿细度对保证浸出效果和合理的生产成本十分重要。试验取金矿石 400 g。试验条件：浸出矿浆质量浓度为 28.57%，氰化钾用量为 5 kg/t，NaOH 用量为 1.25 kg/t（矿浆 pH 值约为 10.5），搅拌转速为 1500 r/min，矿浆温度为 25 ℃，浸出时间为 24 h。浸金后取样离心，上清液用于测原子吸收光谱，固体样经清洗、烘干、称质量、化验后用于后续试验。考查磨矿细度分别为 −0.074 mm 占 70.66%、81.16%、92.53% 和 98.99% 时的金的浸出率，试验结果如图 6.49 所示。

由图 6.49 可知，金的浸出率随着磨矿细度的增加而增加，说明细磨有利于提高金的浸出率。当磨矿细度由 −0.074 mm 占 70.66% 增加到 92.53% 时，金的浸出率由 74.84% 增加到 91.82%，金的浸出率呈直线增加；继续增加磨矿细度，当磨矿细度为 −0.074 mm 占 98.99% 时，金的浸出率为 92.92%，金的浸出率增加幅度减小，磨矿时间明显增加。综合考虑磨矿成本及浸出效果，确定该矿石氰化浸

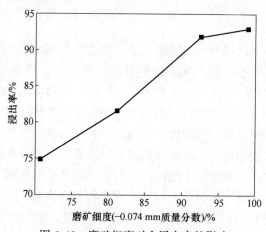

图 6.49　磨矿细度对金浸出率的影响

出的磨矿细度为-0.074 mm 占 92.53%。

6.4.1.2 氰化钾用量对浸金效果的影响

氰化物在溶液中的浓度对金的浸出速率及浸出率有较大的影响[116]。试验取金矿石 400 g，在磨矿细度为-0.074 mm 占 92.53%，搅拌转速为 1500 r/min，浸出矿浆浓度为 28.57%，用 NaOH 调节矿浆 pH 值约为 10.5，矿浆温度为 25 ℃，浸出时间为 24 h 的条件下考查了氰化钾用量对浸金效果的影响，结果如图 6.50 所示。

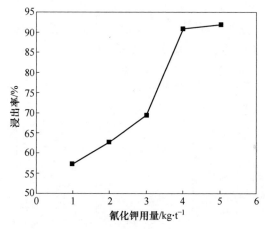

图 6.50 氰化钾用量对金浸出率的影响

由图 6.50 可知，金的浸出率随着浸出剂用量的增加而增加。当浸出剂用量为 1~4 kg/t 时，金的浸出率的增加幅度较大，由 57.27% 增加到 90.91%；当浸出剂用量为 5 kg/t 时，金的浸出率为 91.82%，增加幅度较小，仅增加不到 1%。这是因为在常温常压下，空气中的氧在水中的饱和质量浓度大约为 8 mg/L，相应的氰化物质量浓度为 74 mg/L[117]。当氰化物质量浓度低时，氰化物在溶液中的扩散速率较快，金的溶解速率随着氰化物质量浓度的增加而迅速增加；继续增加氰化物用量，金的溶解速率增加缓慢，无显著变化。结果表明，当氰化物的质量浓度低时，金的浸出率取决于氰化物的质量浓度；当氰化物的质量浓度增高时，氰化物的质量浓度对金的浸出率影响较小。综合考虑，确定浸出剂用量为 4 kg/t。

6.4.1.3 矿浆 pH 值对浸金效果的影响

当矿浆 pH 值较低时，氰化物可能会水解而产生氢氰酸，因此，调整矿浆的 pH 值，使矿浆呈碱性，可以防止氰化浸出过程中氰化物水解产生的药剂消耗，避免污染环境[118]。试验取金矿石 400 g，在磨矿细度为-0.074mm 占 92.53%，KCN 用量为 4 kg/t，搅拌转速为 1500 r/min，矿浆温度为 25 ℃，浸出矿浆浓度为

28.57%，浸出时间为 24 h 的条件下，考查矿浆 pH 值对浸金效果的影响，结果如图 6.51 所示。

由图 6.51 可知，矿浆 pH 值在 9.5~11.5 的范围内时，金的浸出率呈下降趋势。当矿浆 pH 值在 9.5~10.5 时，金的浸出率由 91.64%下降到 90.91%，矿浆 pH 值对金浸出率的影响较小；当矿浆 pH 值大于 10.5 时，金的浸出率明显降低，特别是当矿浆 pH 值为 11.5 时，金的浸出率降为 82.27%。这是因为矿浆 pH 值为 9.4 时，溶液中 $c(HCN)/c(CN^-)=1$，氰化速率最大；矿浆 pH 值大于 9.4 时，氰根离子在水溶液中是稳定的；矿浆 pH 值低于 9.4 时，一部分氰根离子转化为氢氰酸，会增加氰化物的消耗[119]。因此在考虑既要提高金的浸出率，又要尽可能地避免氰化物水解的情况下，确定矿浆 pH 值为 10.5。

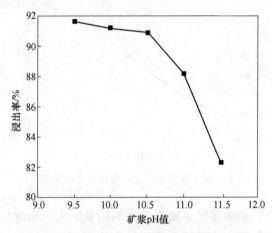

图 6.51　矿浆 pH 值对金浸出率的影响

6.4.1.4　矿浆温度对浸金效果的影响

氰化浸出体系的温度对氰化过程有重要影响，在一定的矿浆温度范围内，提高温度有利于扩散系数增大及扩散层厚度减小，即可提高氰化浸金的反应速率[117]。试验取金矿石 400 g，在磨矿细度为-0.074 mm 占 92.53%，搅拌转速为 1500 r/min，浸出矿浆浓度为 28.57%，KCN 用量为 4 kg/t，浸出时间为 24 h，矿浆 pH 值约为 10.5 的条件下，考查了矿浆温度对浸金效果的影响，结果如图 6.52 所示。

由图 6.52 可知，随着矿浆温度的上升，金的浸出率逐渐增加。在 15~25 ℃时，金的浸出率由 85.45%迅速增加到 90.91%，这是因为扩散系数增大及扩散层减薄均有利于金的浸出；继续升高矿浆温度到 35 ℃时，金的浸出率继续上升至 91.36%，增加幅度明显降低，这是因为随着矿浆温度的升高，氧的溶解度会降低，同时，溶液中的其他金属也会迅速溶解，对氰化物的水解产生有害影响，导致氰化物用量增加。因此，确定浸金的矿浆温度为 25 ℃。

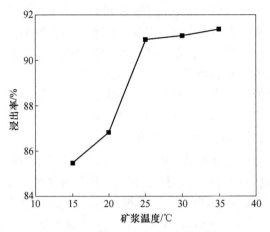

图 6.52 矿浆温度对金浸出率的影响

6.4.1.5 搅拌转速对浸金效果的影响

金与氰化物溶液的相互作用是在固液两相界面上进行的，搅拌对金的浸出速率有重要影响[120]。试验取金矿石 400 g，在磨矿细度为 −0.074 mm 占 92.53%，KCN 用量为 4 kg/t，搅拌转速为 1500 r/min，浸出矿浆浓度为 28.57%，矿浆温度为 25 ℃，浸出时间为 24 h，矿浆 pH 值约为 10.5 的条件下，考查了搅拌转速对浸金效果的影响，结果如图 6.53 所示。

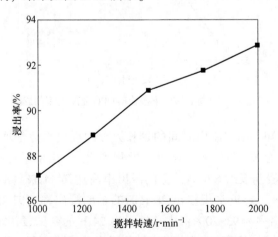

图 6.53 搅拌转速对金浸出率的影响

由图 6.53 可知，随着搅拌转速的提高，金的浸出率呈线性增加。搅拌转速由 1000 r/min 增加到 2000 r/min 时，金的浸出率由 87.14%增加到 92.86%。这是因为金在溶解过程中，消耗金表面的氰根离子和氧分子，使固体表面和溶液内部出现浓度差，导致氰根离子和氧分子从溶液内部向金粒表面扩散，同时反应产物也从金属表面逐渐向溶液内部扩散，使金粒得到进一步溶解。溶液中物质由溶液内部向固体表面迁移的阻力主要来自紧靠固体表面的扩散层，在该层中绝大部分物质是由分子扩散而迁移的，扩散物质浓度的变化也主要发生在这一层内。搅拌有助于破坏金表面的饱和溶液层，有利于加速 CN^-、O_2 和 $[Au(CN)_2]^-$ 的扩散，从而有利于加快金的浸出速率。搅拌强度越大，对金的浸出就越有利，但能耗和设备的磨损也随之增大。综合考虑，确定搅拌转速为 1500 r/min。

6.4.1.6 助浸剂对浸金效果的影响

为保证矿石中金的充分浸出，需要足够且合理的浸出时间[121]。试验取金矿石 400 g，磨矿细度为 -0.074 mm 占 92.53%，搅拌转速为 1500 r/min，浸出矿浆浓度为 28.57%，矿浆 pH 约为 10.5，常规浸出时 KCN 用量为 4 kg/t，助浸浸出时助浸剂用量为 0.6 kg/t 和 KCN 用量为 2 kg/t 的条件下，考查了助浸剂作用下浸出时间对浸金效果的影响，结果如图 6.54 所示。

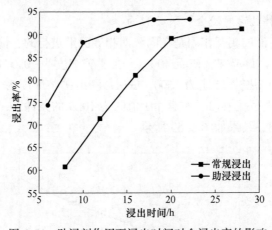

图 6.54 助浸剂作用下浸出时间对金浸出率的影响

由图 6.54 可知，随着浸出时间的延长，金的浸出率逐渐增大，助浸剂的加入有效地提高了金矿石的浸金效果。常规氰化浸出 8 h 时，金的浸出率为 60.86%；加入助浸剂浸出 6 h 后，金的浸出率高达 74.42%。助浸浸出 14 h 时，金的浸出率为 91%，接近常规浸出 28 h 时的金的浸出率（91.03%）；助浸浸出 18 h 时，金的浸出率为 93.20%，比常规浸出 24 h 的金的浸出率高 2.29 个百分点。因此，加入助浸剂浸金，具有提高氰化浸金反应速率及浸出率，同时减少一半氰化物用量的优势。

6.4.2 硫化矿型金矿石的助浸技术

矿石性质见 2.1.2.2 节。

6.4.2.1　磨矿细度对浸金效果的影响

试验取辽宁凌海市某金矿石 400 g，在浸出矿浆浓度为 28.57%，氰化钾用量为 5 kg/t，用 NaOH 调节矿浆 pH 值约为 10.5，搅拌转速为 1500 r/min，矿浆温度为 25 ℃，浸出时间为 24 h 的条件下，考查了磨矿细度分别为 -0.074mm 占 71.35%、83.06%、89.95%和97.18%时的金的浸出率，结果如图 6.55 所示。

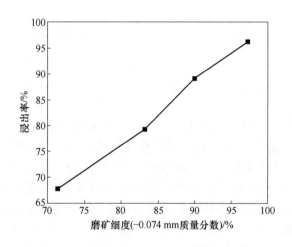

图 6.55　磨矿细度对金浸出率的影响

由图 6.55 可知，金的浸出率随着磨矿细度的增加而增加，说明细磨有利于提高金的浸出率。磨矿细度由-0.074 mm 占 71.35%增加到97.18%时，金的浸出率由 67.79%增加到96.25%，金的浸出率几乎呈直线增加；但磨矿细度过大会使矿浆中的矿泥含量增加，从而使矿浆的黏度增大，降低浸出剂和氧的扩散速率，因而会降低金的浸出速率和浸出率。综合考虑，确定磨矿细度为 - 0.074 mm 占 92.53%。

6.4.2.2　助浸剂对浸金效果的影响

试验取金矿石 400 g，在磨矿细度为-0.074 mm 占 92.53%，搅拌转速为 1500 r/min，浸出矿浆浓度为 28.57%，矿浆 pH 值约为 10.5，常规浸出时 KCN 用量为 4 kg/t，助浸浸出时助浸剂用量为 1.2 kg/t 和 KCN 用量为3 kg/t 的条件下，考查了助浸剂作用下浸出时间对浸金效果的影响，结果如图 6.56 所示。

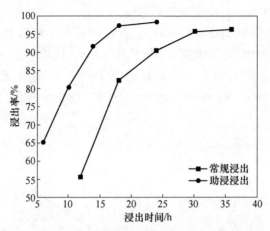

图 6.56　助浸剂作用下浸出时间对金浸出率的影响

由图 6.56 可知，随着浸出时间的延长，金的浸出率逐渐增大，助浸剂的加入有效地提高了金矿石的浸金效果。常规氰化浸出 12 h 时，金的浸出率为 55.65%；加入助浸剂浸出 6 h 后，金的浸出率高达 65.23%，不仅浸出时间缩短一半，浸出率还高出 9.58 个百分点。助浸浸出 14 h 时，金的浸出率为 91.74%，大于常规浸出 24 h 时的金的浸出率（90.39%）；助浸浸出 18 h 时，金的浸出率为 98.38%，比常规浸出 36 h 的金的浸出率高 2.13 个百分点。助浸剂中的过氧化镁作为氧化剂可以迅速氧化分解矿石中金的载体硫化物，降低金的包裹量，使金暴露出来，从而提高金的浸出率，同时使硫化物表面氧化而钝化，防止有害离子同氰化物反应，从而可以节省氰化物用量。因此，加入助浸剂浸金，具有提高氰化浸金反应速率及浸出率，同时减少氰化物用量的优势。

6.4.3　含碳金矿石的助浸技术

矿石性质见 2.1.2.3 节。

6.4.3.1　磨矿细度对浸金效果的影响

试验取辽宁丹东市某金矿石 400 g，在浸出矿浆浓度为 28.57%，氰化钾用量为 5 kg/t，用 NaOH 调节矿浆 pH 值约为 10.5，搅拌转速为 1500 r/min，矿浆温度为 25 ℃，浸出时间为 24 h 的条件下，考查了磨矿细度分别为 -0.074 mm 占 76.25%、86.70%、91.68% 和 99.12% 时的金的浸出率，结果如图 6.57 所示。

由图 6.57 可知，金的浸出率随着磨矿细度的增加而增加，说明细磨有利于提高金的浸出率。磨矿细度由 -0.074 mm 占 76.25% 增加到 91.68% 时，金的浸出率由 41.94% 增加到 69.03%，金的浸出率几乎呈直线增加；继续增加磨矿细度，当磨矿细度为 -0.074 mm 占 99.12% 时，金的浸出率为 75.81%。综合考虑磨矿成本及浸出效果，确定磨矿细度为 -0.074 mm 占 99.12%。

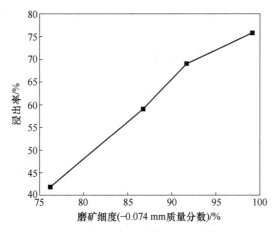

图 6.57 磨矿细度对金浸出率的影响

6.4.3.2 助浸剂对浸金效果的影响

试验取金矿石 400 g，在磨矿细度为 - 0.074 mm 占 99.12%，搅拌转速为 1500 r/min，浸出矿浆浓度为 28.57%，矿浆 pH 值约为 10.5，常规浸出时 KCN 用量为 4 kg/t，助浸浸出时助浸剂用量 1 kg/t 和 KCN 用量为 2.7 kg/t 的条件下，考查了助浸剂作用下浸出时间对浸金效果的影响，结果如图 6.58 所示。

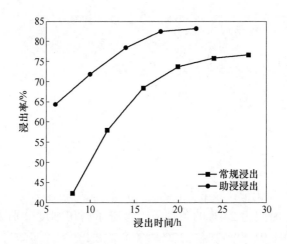

图 6.58 助浸剂作用下浸金时间对金浸出率的影响

由图 6.58 可知，随着浸出时间的延长，金的浸出率逐渐增大，助浸剂的加入有效地提高了氰化浸金效果。常规氰化浸出 12 h 时，金的浸出率为 57.89%；加入助浸剂浸出 6 h 后，浸出率高达 64.27%，金的浸出率高出 6.38 个百分点。

当助浸浸出 14 h 时，金的浸出率为 78.42%，大于常规浸出 24 h 时的金的浸出率（75.81%）；助浸浸出 22 h 时，金的浸出率为 83.21%，比常规浸出 28 h 的金的浸出率高 6.66 个百分点。因此，加入助浸剂浸金，具有提高氰化浸金反应速率及浸出率，同时减少氰化物用量的优势。

参 考 文 献

[1] 陈玉民. 为黄金矿业持续繁荣贡献"中国智慧"[N]. 中国黄金报, 2019-10-18(1).

[2] 印万忠. 黄金选矿年评（待续）[J]. 黄金, 2002, 23（1）：27-32.

[3] 代淑娟, 尹文新, 韩跃新, 等. 三道沟含砷微细粒浸染金矿石浮选试验研究与实践 [J]. 有色金属（选矿部分）, 2004（4）：4-7.

[4] 刘汉钊. 国内外难处理金矿焙烧氧化现状和前景 [J]. 国外金属矿选矿, 2005（7）：5-10.

[5] 周姣. 卡林型金矿脱硫与浸金关系研究 [D]. 贵阳：贵州大学, 2015.

[6] 唐道文, 高鹏, 陈亮, 等. 焙烧预处理过程中硫的转化对浸金的影响 [J]. 贵金属, 2016, 37（4）：63-65, 70.

[7] 韩跃新, 靳建平, 李慧, 等. 基于 XRD 和 SEM 的含碳微细粒金矿氧化焙烧机理研究 [J]. 光谱学与光谱分析, 2018, 38（5）：1592-1598.

[8] 李旭坚, 廖钦桓. 难浸金矿预处理技术及其应用 [J]. 世界有色金属, 2017（24）：76, 78.

[9] 马芳源, 代淑娟, 刘淑杰. 中国难处理金矿石研究现状 [J]. 黄金, 2017, 38（1）：64-67.

[10] 蓝碧波. 超细磨—氰化浸金试验研究 [J]. 黄金, 2013, 34（6）：48-52.

[11] 李晓伟, 董常平, 张波. 某含铜金精矿超细磨低温低压浸出试验研究 [J]. 矿产综合利用, 2015（1）：27-30.

[12] 雷占昌, 虞洁, 马红蕊. 难处理金矿预处理技术现状及进展 [J]. 现代矿业, 2014, 30（5）：23-24, 33.

[13] 唐云, 杨典奇, 唐立靖, 等. 微细浸染型难选金矿两段预处理—非氰化浸出研究 [J]. 矿冶工程, 2017, 37（1）：60-63.

[14] 田立国, 杨洪英, 杨超, 等. 生物氧化预处理工艺在卡林型金矿的应用实践 [J]. 黄金, 2018, 39（2）：49-53.

[15] 丘晓斌, 温建康, 武彪, 等. 卡林型金矿微生物预氧化处理技术研究现状 [J]. 稀有金属, 2012, 36（6）：1002-1009.

[16] 任洪胜, 邢洪波, 刘新艳, 等. 辽宁三道沟含砷金精矿细菌氧化—氰化提金试验研究 [J]. 黄金科学技术, 2012, 20（1）：78-81.

[17] AMANKWAH R K, YEN W T, RAMSAY J A. A two-stage bacterial pretreatment process for double refractory gold ores [J]. Minerals Engineering, 2005, 18（1）：103-108.

[18] 金世斌, 石吉友, 鲁玉春, 等. 国外难处理金矿热压氧化工艺条件分析 [J]. 黄金, 2013, 34（6）：52-56.

[19] 殷书岩, 赵鹏飞, 陆业大, 等. 加压氧化技术在难处理金矿上的应用 [J]. 中国有色冶金, 2018, 47（1）：28-30.

[20] 夏光祥, 方兆珩, 石伟. 难浸金矿的提金技术与展望 [J]. 有色冶炼, 2001, 30（4）：31-34.

[21] 金创石，张廷安，曾勇，等. 难处理金精矿的加压氧化—氯化浸出实验 [J]. 东北大学学报（自然科学版），2011，32（6）：826-830.

[22] 李奇伟，陈奕然，陈明军，等. 某难处理硫化金精矿加压氧化—氰化浸金试验研究 [J]. 黄金，2013，34（2）：55-58.

[23] 张作金，王倩倩，代淑娟. 碳质金矿预处理技术研究进展 [J]. 矿产保护与利用，2017（5）：99-104.

[24] SONG Y, YANG H Y, TONG L L. Bioleaching of complex refractory gold ore concentrate of China: Comparison of shake flask and continuous bioreactor [J]. Advanced Materials Research, 2015, 1130: 243-246.

[25] 罗星，李尽善，周卫宁，等. 某金矿热压氧化后氰化浸金氰化钠消耗实验研究 [J]. 贵金属，2015，36（4）：51-55，62.

[26] LIU Q, YANG H Y, TONG L L, et al. Fungal degradation of elemental carbon in carbonaceous gold ore [J]. Hydrometallurgy, 2016, 160: 90-97.

[27] 孙留根，袁朝新，王云，等. 难处理金矿提金的现状及发展趋势 [J]. 有色金属（冶炼部分），2015（4）：38-43.

[28] 陈伟，丁德馨，胡南，等. 微波焙烧预处理难浸含金硫精矿 [J]. 中国有色金属学报，2015，25（7）：2000-2005.

[29] 陈京玉，康维刚，于建华，等. 老挝某金矿工艺矿物学特性与其全泥氰化提金工艺相关性分析 [J]. 有色金属（选矿部分），2018（4）：1-3.

[30] ASAMOAH R K, SKINNER W, ADDAI-MENSAH, J. Alkaline cyanide leaching of refractory gold flotation concentrates and bio-oxidised products: The effect of process variables [J]. Hydrometallurgy, 2018, 179: 79-93.

[31] 武俊杰，苏超，孙阳. 新疆某金矿氰化浸出试验研究 [J]. 矿冶，2017，26（5）：59-61.

[32] 赵民，吴天娇，赵国斌，等. 甘肃省某低品位金矿选矿试验研究 [J]. 中国矿业，2015，24（9）：110 -114.

[33] SABA M, MOHAMMADYOUSEFI A, RASHCHI F, et al. Diagnostic pre-treatment procedure for simultaneous cyanide leaching of gold and silver from a refractory gold/silver ore [J]. Minerals Engineering, 2011, 24 (15): 1703-1709.

[34] 王众. 某金矿选矿工艺试验研究 [J]. 中国矿山工程，2018，47（3）：43-46.

[35] 李军，王露，李朋，等. 西藏某石英脉型金矿选矿试验研究 [J]. 中国矿业，2018，27（7）：108-111.

[36] 刘新刚，宋翔宇，翟晓辰. 某难选金矿综合回收试验研究 [J]. 黄金，2015，36（10）：58-61.

[37] CELEP O, ALTINKAYA P, YAZICI E Y, et al. Thiosulphate leaching of silver from an arsenical refracttory ore [J]. Minerals Engineering, 2018, 122: 285-295.

[38] 字富庭，何素琼，胡显智，等. 硫代硫酸盐浸金中硫代硫酸盐稳定性研究状况 [J]. 矿冶，2012，21（3）：33-38.

［39］ FENG D,DEVENTER J S J. Thiosulphate leaching of gold in the presence of ethylenediaminete-traacetic acid （EDTA） ［J］. Minerals Engineering, 2010, 23 （2）: 143-150.

［40］ 穆尔 D M, 张兴仁, 李长根. 用硫代硫酸盐替代氰化物作为提金工艺中的一种浸出剂——问题与障碍 ［J］. 国外金属矿选矿, 2005, 42 （3）: 5-12.

［41］ FENG D, DEVENTER J S J V. Thiosulphate leaching of gold in the presence of carboxymethyl cellulose （CMC） ［J］. Minerals Engineering, 2011, 24 （2）: 115-121.

［42］ 李桂春, 卢寿慈. 非氰化提金技术的发展 ［J］. 中国矿业, 2003 （3）: 1-5.

［43］ 张静, 兰新哲, 宋永辉, 等. 酸性硫脲法提金的研究进展 ［J］. 贵金属, 2009, 30 （2）: 75-82.

［44］ DAVIS A, TRAN T, YOUNG D R. Solution chemistry of iodide leaching of gold ［J］. Hydro-metallurgy, 1993, 32 （2）: 143-159.

［45］ 龙炳清, 陈希鸿, 宾万达, 等. 多硫化物浸金研究 ［J］. 黄金, 1987 （3）: 33-37.

［46］ LEE S H, STEPHENS J A, HWANG G S. On the nature and origin of Si surface segregation in amorphous AuSi alloys ［J］. The Journal of Physical Chemistry C, 2010, 114 （7）: 3037-3041.

［47］ LEE S H, HWANG G S. Structure, energetics, and bonding of amorphous Au-Si alloys ［J］. The Journal of Chemical Physics, 2007, 127 （22）: 224710.

［48］ PASTUREL A, TASCI E S, SLUITER M H F. Structural and dynamic evolution in liquid Au-Sieutectic alloy by ab initio molecular dynamics ［J］. Physical Review B, 2010, 81 （14）: 140202.

［49］ HOSHINO Y, KITSUDO Y, IWAMI M, et al. The structure and growth process of Au/Si（111） analyzed by high-resolution ion scattering coupled with photoelectron spectroscopy ［J］. Surface Science, 2008, 602 （12）: 2089-2095.

［50］ SHPYRKO O G. Surface crystallization in a liquid AuSi alloy ［J］. Science, 2006, 313 （5783）: 77-80.

［51］ FERRALIS N, MABOUDIAN R, CARRARC C. Temperature-induced self-pinning and nanolayering of AuSi eutectic droplets ［J］. Journal of the American Chemical Society, 2008, 130 （8）: 2681-2685.

［52］ ILER R K. The Chemistry of silica: Solubility, polymerisation, colloid and surface properties and biochemistry ［M］. New York: Wiley, 1979.

［53］ DOVE P M, HAN N, DE YOREO J J. Mechanisms of classical crystal growth theory explain quartz and silicate dissolution behavior ［J］. Proceedings of the National Academy of Sciences of the United States of America, 2005 （102）: 15357-15362.

［54］ HAUSEN D M, BUCKNAM C H. Study of preg robbing in the cyanidation of carbonaceous gold ores from Carlin, Nevada ［J］. Applied Mineralogy, 1984 （1984）: 833-856.

［55］ MOHAMMADNEJAD S, PROVIS J L, VANDEVENTER J S J. Reduction of gold （Ⅲ） chloride to gold （0） on silicate surfaces ［J］. Journal of Colloid and Interface Science, 2013 （389）: 252-259.

[56] 刁淑琴. 黔西南微细粒金的赋存状态及可选性回收评述 [J]. 贵州地质, 1987 (3): 72-82.

[57] 方兆珩, 马其, 谢慧琴. 细微碳质金矿的预处理和氰化浸取研究 [J]. 黄金, 1993, 14 (4): 30-33, 49.

[58] CHEN T T, CABRI L J, DUTRIZAC J. E. Characterizing gold in refractory sulfide gold ores and residues [J]. JOM, 2002, 54 (12): 20-22.

[59] DONG W P, WANG Y X, CHEN Z, et al. Ageing process of pre-precipitation phase in $Ni_{0.75}Al_{0.05}Fe_{0.2}$ alloy based on phase field method [J]. Transactions of Nonferrous Metals Society of China, 2011, 21 (5): 1105-1111.

[60] 吴超, 李明. 微颗粒黏附与清除 [M]. 北京: 冶金工业出版社, 2014: 201-204.

[61] RADHA, S, NAVROTSKY, A. Energetics of CO_2 adsorption on Mg-Al layered double hydroxides and related mixed metal oxides [J]. The Journal of Physical Chemistry C, 2014, 118: 29836-29844.

[62] RAI B, SATHISH P, TANWAR, J, et al. A molecular dynamics study of the interaction of oleate and dodecylammonium chloride surfactants with complex aluminosilicate minerals [J]. Journal of Colloid and Interface Science, 2011, 362: 510-516.

[63] 张鉴清. 电化学测试技术 [M]. 北京: 化学工业出版社, 2010.

[64] 聂小琴, 董发勤, 刘明学, 等. 生物吸附剂梧桐树叶对铀的吸附行为研究 [J]. 光谱学与光谱分析, 2013 (5): 1290-1294.

[65] 郑雯婧. 改性活性炭对水中硝酸盐和磷酸盐的吸附作用研究 [D]. 上海: 上海海洋大学, 2015.

[66] 于飞. 改性碳纳米管的制备及其对苯系物和重金属吸附特性研究 [D]. 上海: 上海交通大学, 2013.

[67] 王静. 粉煤灰颗粒吸附材料的制备及吸附性能的研究 [D]. 青岛: 中国海洋大学, 2013.

[68] 王雨. 改性活性炭对水中重金属离子的吸附研究 [D]. 苏州: 苏州科技学院, 2015.

[69] 叶琳. 改性豆渣对污水中染料物质的吸附研究 [D]. 重庆: 西南大学, 2014.

[70] 胡奇. 改性生物质材料对水中苯胺的吸附性能及去除工艺研究 [D]. 哈尔滨: 哈尔滨工业大学, 2016.

[71] 郭磊. 改性稻秸对废水中铅、镉的吸附特征及其机制研究 [D]. 沈阳: 沈阳农业大学, 2014.

[72] 张志峰. 利用废渣吸附除磷技术研究 [D]. 南京: 东南大学, 2006.

[73] 刘世宏, 王当憨, 潘承璜. X射线光电子能谱分析 [M]. 北京: 科学出版社, 1988.

[74] 王淀佐, 林强, 蒋玉仁. 选矿与冶金药剂分子设计 [M]. 长沙: 中南工业大学出版社, 1996.

[75] 蒋玉仁. 黄金浮选剂设计与合成及结构性能关系研究 [D]. 长沙: 中南工业大学, 1994.

[76] BANDURA A V, KUBICKI J D, SOFO J O. Periodic density functional theory study of water

adsorption on the α-quartz (101) surface [J]. The Journal of Physical Chemistry C, 2011, 115 (13): 5756-5766.

[77] MURASHOV V V. Reconstruction of Pristine and hydrolyzed quartz surfaces [J]. Journal of Physical Chemistry B, 2005, 109 (9): 4144-4151.

[78] ZHU Y, LUO B, SUN C, et al. Density functional theory study of α-bromolauric acid adsorption on the α-quartz (101) surface [J]. Minerals Engineering, 2016, 92: 72-77.

[79] 冯玉红. 现代仪器分析实用教程 [M]. 北京: 北京大学出版社, 2008: 59-62.

[80] 闻辂. 矿物红外光谱学 [M]. 重庆: 重庆大学出版社, 1988: 105-119.

[81] KONG X P, WANG J. Copper (Ⅱ) adsorption on the kaolinite (001) surface: Insights from first-principles calculations and molecular dynamics simulations [J]. Applied Surface Science, 2016, 389: 316-323.

[82] WANG Q, KONG X P, ZHANG B H, et al. Adsorption of Zn(Ⅱ) on the kaolinite (001) surfaces in aqueous environment: A combined DFT and molecular dynamics study [J]. Applied Surface Science, 2017, 414: 405-412.

[83] 黎文辉, 刘高魁, 侯莹莹. 贵州板其原生金矿石氧化焙烧—氰化浸出的研究 [J]. 地质论评, 1998 (3): 315-322.

[84] PAGE Y L, DONNAY G. Refinement of the crystal structure of low-quartz [J]. Acta Crystallographica, 1976, 32 (8): 2456-2459.

[85] 胡雪飞. 高岭石表面性质及其吸附 Pb (Ⅱ) 的密度泛函理论研究 [D]. 赣州: 江西理工大学, 2018.

[86] MOHAMMADNEJAD S, PROVIS J L, VAN DEVENTER J S J. Computational modelling of interactions between gold complexes and silicates [J]. Computational and Theoretical Chemistry, 2017, 1101: 113-121.

[87] YANG Y B, LI Q, JIANG T, et al. Cyanide leaching of gold ores by heavy metal ions [J]. The Chinese Journal of Nonferrous Metals, 2005, 15: 1283-1288.

[88] 姜涛, 杨永斌. 催化浸金电化学基础与技术 [M]. 长沙: 中南大学出版社, 2011: 31-33.

[89] 陈利娟. 金阳极溶解过程强化剂的表面作用机理研究 [D]. 长沙: 中南大学, 2013.

[90] SEISKO S, LAMPINEN M, AROMAA J, et al. Kinetics and mechanisms of gold dissolution by ferric chloride leaching [J]. Minerals Engineering, 2018, 115: 131-141.

[91] YANG Y B, LAI M X, ZHONG Q, et al. Study on intensification behavior of bismuth ions on gold cyanide leaching [J]. Metals, 2019, 9 (3): 362.

[92] WADSWORTH M E, ZHU X. Kinetics of enhanced gold dissolution: Activation by dissolved silver [J]. International Journal of Mineral Processing, 2003, 72 (1/2/3/4): 301-310.

[93] THURGOOD C P, KIRK D W, FOULKES F R, et al. Activation energies of anodic gold reactions in aqueous alkaline cyanide [J]. Journal of The Electrochemical Society, 1981, 128: 1680.

[94] MAC ARTHUR D M. A study of gold reduction and oxidation in aqueous solutions [J].

Journal of the Electrochemical Society, 1972, 119: 672-676.

[95] SANDENBERGH R F, MILLER J D. Catalysis of the leaching of gold in cyanide solutions by lead, bismuth and thallium [J]. Minerals Engineering, 2001, 14: 1379-1386.

[96] ZIA Y, MOHAMMADNEJAD S, ABDOLLAHY M. Gold passivation by sulfur species: A molecular picture [J]. Minerals Engineering, 2019, 134: 215-221.

[97] 杨永斌, 陈利娟, 姜涛, 等. 金在 NaCN 溶液中的表面产物 [J]. 中国有色金属学报, 2013 (12): 3448-3454.

[98] GIBSON C S. Note on constitution of cyano derivates of gold [J]. Proc. R. Soc. Lond. A, 1939, 173: 160-161.

[99] NICOL M J. Anodic behavior of gold part Ⅱ—oxidation in alkaline solutions [J]. Gold Bulletin, 1980, 13 (3): 105-111.

[100] 吴宏海, 吴大清, 彭金莲. 重金属离子与石英表面反应的实验研究 [J]. 地球化学, 1998 (6): 201-207.

[101] ZHANG S T, LIU Y. Molecular-level mechanisms of quartz dissolution under neutral and alkaline conditions in the presence of electrolytes [J]. Geochemical Journal, 2014, 48 (2): 189-205.

[102] 刘淑杰, 代淑娟, 马芳源, 等. 研磨作用下石英与金作用的抑制试验研究 [J]. 非金属矿, 2018, 41 (4): 7-9.

[103] 马芳源, 代淑娟, 刘淑杰. 搅拌作用下石英对金的吸附作用研究 [J]. 矿产综合利用, 2018 (6): 144-148.

[104] 马芳源, 代淑娟, 刘淑杰. 研磨作用下长石吸附金的机械活化规律研究 [J]. 矿业研究与开发, 2017, 37 (12): 50-53.

[105] RATH S S, SAHOO H, DAS B, et al. Density functional calculations of amines on the (101) face of quartz [J]. Minerals Engineering, 2014, 69 (69): 57-64.

[106] GILLAN M J, DIXON M. The calculation of thermal conductivities by perturbed molecular dynamics simulation [J]. Journal of Physics Part C Solid State Physics, 1983, 16 (5): 869-878.

[107] YIN K, ZOU D, BO Y, et al. Investigation of H-bonding for the related force fields in materials studio software [J]. Computers & Applied Chemistry, 2006, 23 (12): 169-174.

[108] DAIGLE A D, BELBRUNO J J. Density functional theory study of the adsorption of oxygen atoms on gold (111), (100) and (211) surfaces [J]. Surface Science, 2011, 605: 1313-1319.

[109] VASSILEV P, KOPER M T M. Electrochemical reduction of oxygen on gold surfaces: A density functional theory study of intermediates and reaction paths [J]. Journal of Physical Chemistry C, 2007, 111: 2607-2613.

[110] XU L, PENG T, TIAN J, et al. Anisotropic surface physicochemical properties of spodumene and albite crystals: Implications for flotation separation [J]. Applied Surface Science, 2017, 426: 1005-1022.

[111] 何桂春，蒋巍，项华妹，等．密度泛函理论及其在选矿中的应用 [J]．有色金属科学与工程，2014（2）：62-66.

[112] 闵新民，洪汉烈，安继明．高岭石-金-硫系列的化学键与稳定性研究 [J]．分子科学学报，2000，16（1）：43-48.

[113] HAN J H，LI X A，DAI S J. Electrochemical influence of quartz on cyanide leaching of gold [J]. Chemical Physics Letters，2020，739（1）：1-7.

[114] 王利珍，瞿思思，姜楚灵．甘肃某金矿石中金的赋存状态研究 [J]．矿冶工程，2015，35（增刊1）：29-32.

[115] 代淑娟．某金矿石中金的浮选及氰化浸出试验 [J]．金属矿山，2010，39（8）：75-78.

[116] 陈典助．对黄金浸出过程中氰化物消耗量的探讨 [J]．工程设计与研究，1995（1）：6-10.

[117] 廖元双，鲁顺利，杨大锦．氰化提金及氧化剂强化浸金过程机理研究 [J]．有色金属（冶炼部分），2010（2）：46-50.

[118] 储建华，戴厚晨．贵金属氰化物体系电位-pH 曲线的测定与研究 [J]．黄金，1984，5（1）：31-34，66.

[119] 储建华，余继燮，刘本忠．金矿氰化过程最佳 pH [J]．黄金，1984（5）：52-55.

[120] 杨华明，邱冠周，张和平．搅拌磨机械化学氰化浸金新工艺的研究 [J]．黄金，1998，19（4）：36-38.

[121] 卢琳，陈良，刘东梅，等．广西某低品位金矿石选矿试验研究 [J]．云南冶金，2015，44（5）：14-20.